PAUL MÜLLER

BIOGEOGRAPHIE UND RAUMBEWERTUNG

PAUL MÜLLER

BIOGEOGRAPHIE UND RAUMBEWERTUNG

Mit 42 Abbildungen und 26 Tabellen

1977
WISSENSCHAFTLICHE BUCHGESELLSCHAFT
DARMSTADT

CIP-Kurztitelaufnahme der Deutschen Bibliothek

Müller, Paul
Biogeographie und Raumbewertung. — Darmstadt: Wissenschaftliche Buchgesellschaft, 1977.
ISBN 3-534-07394-0

Bestellnummer 7394-0

Satz: Maschinensetzerei Janß, Pfungstadt
Druck und Einband: Wissenschaftliche Buchgesellschaft, Darmstadt
Printed in Germany
Schrift: Linotype Garamond, 9/11

ISBN 3-534-07394-0

INHALT

VERZEICHNIS DER ABBILDUNGEN IM TEXT

VORWORT

Die Befähigung zur verantwortlichen Mitgestaltung der menschlichen Umwelt setzt voraus, daß Struktur und Funktion belebter Systeme als Plattform gegenwärtiger Planungsprozesse erkannt und das Gefüge raumgebundener Naturfaktoren in ihrem Zusammenhang mit Humanfaktoren durchschaut wird. Diese Aufgabe kann die Biogeographie leisten. Sie untersucht Struktur, Funktion und Geschichte von Arealsystemen und gewinnt über die Aufschlüsselung des Informationsgehalts von standortspezifischen Organismen, Populationen und Lebensgemeinschaften tiefere Einsicht in die auch für den Menschen entscheidenden Wirkungsfaktoren der von ihnen belebten Landschaften und Länder. Biogeographie wird damit zur Raumbewertung.

Stellung und Stellenwert der Biogeographie für unser Bildungssystem wird davon bestimmt, was sie an Erkenntnissen, Einsichten und lebensbezogenen Fähigkeiten zu vermitteln vermag. Deshalb soll das vorliegende Buch den Studenten mit wissenschaftlichen und gesellschaftlichen Bezugspunkten des Faches konfrontieren. Indikatoreigenschaften von Areal- und Ökosystemen werden an Einzelbeispielen verdeutlicht, die bewußt so gewählt wurden, daß meist ein direkter Planungs- und Raumbezug hergestellt werden kann. Deshalb versteht sich das Buch als kurzgefaßter theoretischer Überbau für ein ›Biogeographisches Praktikum‹. In Einzelfällen wird es sicherlich die Aufnahmefreudigkeit mancher jüngerer Studenten auf eine Probe stellen, möglicherweise sie sogar vom Studium der Biogeographie abhalten. Sicherlich wird das der Biogeographie nicht schaden, denn ihre wissenschaftlichen Erkenntnisse und Methoden erfordern heute mehr denn je eine sachliche und von großer Akribie getriebene Auseinandersetzung mit dem Stoff. Die einzelnen Themenbereiche wurden deshalb so gewählt, daß sie zugleich einen Schlüssel zur weiterführenden biogeographischen Literatur liefern.

Mein Dank gilt meinen Saarbrücker Mitarbeitern und Studenten, die letztlich die Hauptverantwortung für die Stoffauswahl tragen. Frau Ch. Benzmüller zeichnete die beigefügten Karten und Frau A. Konzmann schrieb geduldig jede Neufassung des Manuskriptes. Ihnen danke ich ebenso wie meiner Frau Elke und meinen Kindern Isa und Axel, die sich längst damit abgefunden haben, daß selbst in unserem Haus die einzelnen Räume nach den expansiven Ansprüchen eines Biogeographen bewertet werden.

Saarbrücken, im April 1976 — Paul Müller

1. GESELLSCHAFT UND UMWELTVERSTÄNDNIS

Unsere drängendsten Probleme sind sozioökonomische und ökologische, und es besteht Grund zur Annahme, daß sie sich in den kommenden Jahren weiter verschärfen werden. Sie werden weder durch geisteswissenschaftliche Spekulation noch durch ideologisch gefärbte Willensbekundungen gelöst, sondern allein durch geduldige und induktive Forschungsarbeit. Die unbedingte Priorität des „Umweltproblems" mit seiner Vernetzung in alle Daseinsbereiche wurde uns in den Entwicklungen der letzten Jahrzehnte so deutlich demonstriert, daß sie nur noch von stumpfsinniger Bequemlichkeit oder privategoistischen Absichten geleugnet werden können. Das gesamte Ausmaß der Problematik ist uns jedoch keineswegs voll bewußt, da sowohl viele Fachwissenschaften als auch Politiker „auf dem falschen Fuß" überrascht wurden. Im Blickfeld analysierender Naturforschung wird der Umweltbegriff um so fragwürdiger, je genauer er geprüft wird. Was wir deshalb stärker als jemals zuvor brauchen, ist eine intensivere Erziehung zum wissenschaftlichen Denken.

Jeder Mensch besitzt eine subjektive, häufig idealisierte Vorstellung von seiner Umwelt. Gleichbleibender „Stress" kann vom gleichen Individuum bei verschiedener Anregung unterschiedlich empfunden und bewertet werden. Hinzu kommt eine erstaunlich große genetische und individuelle Variabilität und damit weite ökologische Valenz menschlicher Populationen. In vielen Erdgegenden handeln die Menschen aus einer angenommenen, idealisierten Vorstellung über den betroffenen Raum. Daraus ergeben sich Erfolge wie Fehlschläge für den gesamten Bereich anthropogener Wirksamkeit in einer Region (SCHULTZE 1970). Sicherlich ist es möglich, den Menschen als Reaktionsform auf „ein spezifisch vorinterpretiertes Milieu, auf eine gruppenspezifische Wirklichkeit" zu definieren. Der so ableitbare subjektive Umweltbegriff ist jedoch als Planungskriterium völlig ungeeignet.

Im Verlauf seiner Entwicklungsgeschichte ist es dem Menschen gelungen, sich in einem für alle Lebewesen außergewöhnlichen Maß von seiner natürlichen Umwelt zu „emanzipieren", doch ersetzte er viele der ihn determinierenden Naturfaktoren durch Technologien und allgemein sanktionierte Verhaltensnormen, deren Sinn offensichtlich darin besteht, die Sicherheit und Unstörbarkeit des Verhaltens auf einer gegenseitigen Vertrauensbasis zu garantieren (GEHLEN 1961). Die gegenwärtige Situation verdeutlicht jedoch, daß jeder Gewinn an Freiheiten von Naturzwängen, die über das Daseinsnotwendige hinausgehen, überwiegend mit Freiheitsverlust an technische und/oder soziale Strukturen erkauft wird.

Die Evolution des Menschen läßt sich als eskalierte Veränderung urwüchsiger Bedingungen auffassen, mit dem ursprünglichen Ziel, menschenschutzbietende Umwelt in die Natur hineinzubauen. Ebenso alt wie die Loslösung des Menschen von seiner natürlichen Umwelt ist die Technik, die er dazu benutzte. Sie diente stets dazu, Leben zu erhalten und zu vernichten, und sie ist dieser Doppelfunktion bis heute treu geblieben. Die Frage, wie weit wir uns in unserem Handeln von einer vorgegebenen naturfaktoriellen Matrix entfernen dürfen, wird damit von entscheidender Bedeutung für die Selbstregulation unserer eigenen Lebensbereiche. Wir werden gezwungen, uns an biogeographischen Raumqualitätskriterien zu orientieren, und unsere Planungserfolge hängen entscheidend von der Fähigkeit ab, die Nutzungsansprüche unserer Gesellschaft an Räume mit begrenzter Belastbarkeit in einem Equilibrium-Modell zu vereinen. Es hat sich als Fehlschlag erwiesen, daß ausgehend von der Interpretation spezifischer Prozeßfelder subjektive regionalpolitische und sozioökonomische Vorstellungen als alleinige Planungskriterien Verwendung fanden. Mißerfolge sind im allgemeinen das Ergebnis einer Fehleinschätzung unserer vorgegebenen Raumbedingungen. Um eine solche Fehlplanung zu verhindern, bedarf es entsprechender Einsichten in den Synergismus unserer Landschaften. Die Bewertung der Belastungen einer Landschaft hängt maßgeblich mit der Belastbarkeit einzelner ökologischer Faktoren zusammen.

Jeder, der am Platze seines Wirkens die Folgen seines Handelns abwarten muß, muß die vorhandene Raumstruktur berücksichtigen. Von ihm ausgelöste Folgeketten enden im allgemeinen bei ihm selbst. Wo der Mensch lebt, wird er Teil von belebten Systemen. Das bedeutet, daß Ökonomie und Ökologie aufeinander abgestimmt werden müssen. Diese Aufgabe kann nur gelöst werden, wenn wir für jede Landschaft aufgrund eingehender Untersuchungen zwingende ökologische Normen erarbeiten und für ihre Bewohner zum verbindlichen Gesetz erheben. Die hierzu notwendige Raumbewertung kann die *Biogeographie* durchführen. Biogeographische Kriterien sollen primär dazu dienen, dem handelnden Menschen Folge und Rückwirkungen seines Tuns auf sein Wohnsystem, die Gesellschaft und sich selbst zu verdeutlichen. Sie besitzen damit zugleich eine tiefe erzieherische Bedeutung, denn es läßt sich unschwer erkennen, daß das aus biogeographischen Kenntnissen resultierende Handeln integriert werden kann und muß in KANTS Kategorischen Imperativ.

Die Erstellung biogeographischer Raumbewertungs-Kriterien muß sowohl die Hierarchie der ökologischen Faktoren, ihre allgemeine Gültigkeit und Regionalisierbarkeit, als auch das Zielobjekt, den Menschen, im Auge behalten. Grundlage hierzu muß eine großräumige Erfassung aller belebten Systeme, die Festlegung und Bewertung der Belastungen einzelner ökologischer Elemente und Faktoren durch unterschiedliche Nutzung und die Entwicklung eines zu übergeordneten sozioökonomischen Raumeinheiten aggregierbaren räumlichen Bezugssystems sein (u. a. durch Analyse urbaner Ökosysteme). Erst nach Kenntnis dieser Grundlagen lassen sich raumordnungsrelevante Mindeststandards für die Belastbarkeit ökologischer Faktoren und raumordnerische Beurteilungskriterien für die Belastbarkeit des Landschaftshaushaltes erstellen. Der Schlüssel zu diesen Grundlagen führt über die Aufklärung des Informationsgehaltes lebendiger Systeme. Nur die kausale Deutung ihres Existierens und Reagierens kann Eingang in ein Landschaftsbewertungs-System finden.

2. BIOGEOGRAPHIE — FORSCHUNGSZIEL UND BEGRIFFSBESTIMMUNGEN

2.1. *Was ist Biogeographie?*

Die Biogeographie erforscht die Gründe für das Existieren und Reagieren von Organismen (Pflanzen, Tieren, Mensch), Biozönosen und Ökosystemen in den Landschaften, Ländern und Kontinenten der Erde. Struktur, Funktion, Geschichte und Indikatoreigenschaften von Arealen und belebten Systemen stehen im Mittelpunkt ihrer Untersuchungen. Die Aufschlüsselung des Informationsgehaltes von Organismen und Populationen an ihrem Standort wird zum Indikator für die dort herrschenden Raumbedingungen. Jedes lebendige System liefert über die Aufklärung seiner Struktur, Funktion und Geschichte Informationen zu einem tieferen Verständnis des von ihm belebten Raumes. Deshalb liegt jeder Suche z. B. nach planungsrelevanten „Belastungsindikatoren“ oder „ökologischen Kriterien“ die Frage nach dem Informationsgehalt von Organismen und deren Reaktionen auf endo- und exogene Faktoren zugrunde.

Die Verteilung von ökologischen Elementen wird als System aus Regelkreisen und untereinander verknüpfbaren Faktoren verstanden. Eine solche Betrachtung löst den rein chorologischen Arealbegriff auf und verpflichtet sich, ein Verbreitungsgebiet z. B. einer Art als *Arealsystem* zu verstehen (Müller 1976). Rezent-ökologische und historische Informationen über die Populationen und die von ihnen belebten Landschaften fließen in Arealsystemen zusammen. Sie sind lebendige Teilsysteme unserer Landschaften und Länder und gehören damit zur „Einheit stufenweise integrierter Lokalsysteme“ (Rosenkranz 1850), deren genaue Kenntnis die Qualität unserer Planungen entscheidend mitbestimmt.

Die Biogeographie analysiert jedoch nicht nur das Zusammenbestehende und das Zusammenwirken der lebendigen Erscheinungen im Raum, sondern versucht in der Experimentellen Biogeographie, den Synergismus von Ökosystemen und die Raumbindung einzelner Organismen zu erkennen. Hier verwischen sich — zumindest in Teilbereichen — methodisch die Grenzen zwischen Biogeographie und Ökologie, so daß führende nordamerikanische Ökologen, wie MacArthur und Wilson (1971) sich als Biogeographen bezeichnen, ohne einen „wirklichen Unterschied“ zwischen Biogeographie und Ökologie zu erkennen. Dennoch besitzen beide Wissenschaften verschiedene Forschungsziele. Der *Biogeographie* geht es primär darum, die lebendige Ausstattung an einer Erdstelle als qualitativen Indikator für den entsprechenden Raum zu deuten. Die Erwartungen, die andere Wissenschaften in die Biogeographie setzen, können nur erfüllt werden, wenn sie sich auf ihr eigenes Forschungsziel konzentriert. Während Biologen von der Biogeographie methodische Beiträge zur Evolutionstheorie erwarten, ist das geographische Forschungsziel der Biogeographie die Erhellung von Geosystem-Qualitäten (vgl. u. a. BANARESCU und BOSCAIU 1973, DANSEREAU 1957, LEMÉE 1967, ROBINSON 1972, TIVY 1971). Das gelingt ihr nur über die konsequente Aufklärung des Informationsgehaltes der in den Geosystemen lebenden Organismen. Das bedeutet, daß ein Biogeograph die Organismen der betreffenden Landschaften auch exakt kennen muß.

Als Teilgebiete gehören zur Biogeographie:

1. Bodenkunde,
2. Bioklimatologie,
3. Zoogeographie,
4. Vegetationsgeographie,
5. Physische Anthropogeographie,
6. Geomedizin.

Es versteht sich von selbst, daß ein Biogeograph nur in einem dieser Teilgebiete echte Wissenschaft betreiben kann. Abgrenzungsschwierigkeiten ergeben sich bei der Physischen Anthropogeographie, die sich mit der naturgesetzlich erforschbaren Wechselwirkung zwischen menschlichen Populationen und Räumen beschäftigt. Eine klare Trennung zwischen Natur- und Kulturwesen im Menschen ist nicht möglich. Der Zwang zur Stoffgliederung und zu seiner methodischen Aufarbeitung läßt uns aber keine andere Wahl, als den Menschen zunächst einmal in seinen biologischen Erscheinungen im Raum der Länder und Landschaften zu erfassen.

2.2. Biogeographie und Ökologie

Die engen methodischen Verflechtungen zwischen Biogeographie und Ökologie erfordern zur klärenden Abgrenzung auch die Beleuchtung des Forschungszieles der Ökologie. Unterschiedliche Auffassungen und Deutungen machen diese Stellungnahme ebenso notwendig, wie terminologische Ungenauigkeiten, die u. a. auch durch die leichtfertige Gleichsetzung des subjektbezogenen Umweltbegriffes mit der Ökologie dazu führten, daß Fragwürdigkeiten des einen auf den anderen Terminus übertragen wurden. Beiträge zu dieser Vermischung werden nicht nur von einer engagierten Öffentlichkeit und „umweltbewußten" Politikern, sondern auch bedauerlicherweise von Wissenschaftlern geliefert, die durch den modernen Zusatz -„ökologie" an ihr Fachgebiet Beiträge zu einer inhaltlichen Erweiterung des Begriffes liefern. Diese Ausdehnung führt dazu, daß die Frage, „ob es eigentlich etwas gäbe, was nicht Ökologie sei", mehr als berechtigt ist.

2.2.1. Der Ökologiebegriff bei HAECKEL

Nicht nur namentlich erwähnt wie bis in jüngste Zeit zitiert, sondern als Wissenschaft begründet wurde die Ökologie erstmals von HAECKEL (1866). In einer Fußnote auf Seite 8 des 1. Bandes seiner ›Generellen Morphologie der Organismen‹ gibt er eine kurze Definition des Begriffes als Teilgebiet der Biologie, die für ihn die „Lebenswissenschaft" oder „die gesamte Wissenschaft von den Organismen oder belebten Naturkörpern unseres Erdballs" ist. In seinem Wissenschaftsschema der Zoologie (S. 238) ordnet er die „Oecologie" und „Geographie der Thiere" innerhalb der „Relations-Physiologie" zur „Physiologie der Beziehungen des thierischen Organismus zur Außenwelt" und verdeutlicht damit, was für ihn Ökologie ist. Diese Zusammenhänge beschreibt er auch im 2. Band (u. a. Fußnote S. 236).

Der Ökologiebegriff ist bei HAECKEL grundsätzlich an Leben-Raum-Relationen gebunden. Da er die Freiheit des menschlichen Willens bestreitet, wird der Mensch in diesen Begriff integriert und die Anthropologie ein Teilgebiet der Zoologie (Bd. 2, S. 432). Zur Ökologie des Menschen gehört bei HAECKEL nur die naturgesetzlich erforschbare Seite. Das bedeutet nicht, daß er andere Aspekte und Fragen nicht gesehen hat; er erkannte sie, lehnte sie aber als Forschungsgegenstand ab. Auch die Fragestellungen der Synökologie sind in Band 2 (S. 235), 30 Jahre vor SCHRÖTER und KIRCHNER (1896—1902), bereits klar formuliert.

Wenn HAECKEL von der „Oeconomie" spricht, dann bezieht sich dieser Begriff immer auf belebte Systeme. In seiner Antrittsvorlesung an der Philosophischen Fakultät in Jena am 12. Januar 1869 (vgl. HAECKEL 1870, S. 364 bis 365) wird das ebenso klar formuliert wie drei Jahre zuvor in seiner ›Generellen Morphologie‹: „Unter Oecologie verstehen wir die Lehre von der Oeconomie, von dem Haushalt der thierischen Organismen". Für HAECKEL ist Ökologie als Wissenschaft immer an Leben gebunden, und die Erforschung der naturgesetzlichen Wechselwirkung zwischen Leben und Raum ist ihr Gegenstand.

2.2.2. Gegenwärtige Ökologie-Auffassungen

Für die Biologie ist die Ökologie im HAECKELschen Sinne in der Gegenwart allgemein akzeptiert. Unterschiedliche Auffassungen sind nur gradueller, nicht prinzipieller Art, solange als Gegenstand ökologischer Forschung Tiere und Pflanzen im Vordergrund stehen.

Für COLINVAUX (1973) ist Ökologie "the study of animals and plants in relation to their habit and habitats", für KÜHNELT (1970) „die Lehre von den Wechselbeziehungen zwischen Organismen und Umwelt" und für STUGREN (1974) „Wissenschaft der Wechselbeziehungen und Wechselwirkungen von Leben und Umwelt" (vgl. auch COLLIER et al. 1973, PIANKA 1974, POOLE 1974, SOUTHWICK 1972, STEUBING 1973 u. a.).

CHARLES ELTON (1927) hatte Ökologie als "scientific natural history" definiert, und ODUM (1963) versteht darunter "the study of the structure and function of nature".

In eine mehr biogeographische Richtung gehen die Definitionen von ANDREWARTHA (1961: "Ecology is the scientific study of the distribution and abundance of organisms") und KREBS (1972: "Ecology is the scientific study of the interactions that determine the distribution and abundance of organisms"), da im Mittelpunkt ihrer Betrachtung regionale Verbreitungsbedingungen und Arealstrukturen stehen. Dieser Ansatz findet eine konsequente Weiterentwicklung bei MACARTHUR und WILSON (1971; vgl. auch MACARTHUR 1972).

Die Erforschung komplexer Systeme mit ökologischen Methoden erwies sich in vielen Wissenschaften als sehr fruchtbar. Das gilt insbesondere für die ökologische Landschaftsforschung, für die Verknüpfung von geographischem Forschungsziel und ökologischer Methode. Solange klar erkannt wird, daß die Methode eine ökologische ist, bleibt der ursprüngliche Sinn gewahrt. Der Geograph SOĆAVA (1972, S. 89) weist nachdrücklich darauf hin, daß „die Ökologie von uns hier als biologische Disziplin aufgefaßt wird, welche die Struktur und die Funktionen der ökologischen Systeme aller Größenordnungen erforscht" (vgl. auch KLINK 1974, LESER 1976, NEEF 1968). SCHMITHÜSEN (1974) zeigte, daß in der ökologischen Landschaftsforschung (= Landschaftsökologie im Sinne von TROLL 1939; Geoökologie) diese klare Differenzierung nicht immer beibehalten wurde:

„Zwei prinzipiell unterschiedliche Auslegungen des Begriffes stehen einander gegenüber, was aber offenbar manchen Autoren, die das Wort benutzen, noch nicht bewußt ist und daher leicht zu Mißverständnissen führt."

Die eine Seite verwendet den Terminus im Sinne des biologischen Wissenschaftsbegriffes, wie es auch TROLL (1939) verstanden wissen wollte, die andere kommt durch einfache „Rückübersetzung" des Wortes Landschaftsökologie zum Begriff der Landschaftshaushaltslehre, die nicht mehr an Leben-Umwelt-Relationen gebunden ist, sondern auch Stoff- und Energiekreisläufe in „leblosen" Räumen untersucht.

Ein völlig anderer Aspekt ergibt sich für die Ökologie durch die Einbeziehung des Menschen. Hier scheint ein wesentlich größeres Problem zu liegen, da der Umfang des Ökologiebegriffes dadurch maßgeblich entschieden wird.

Die Anfänge zu einer Begriffsausweitung werden häufig in der Geographie mit den Arbeiten von BARROW (1923) und in der Ökologie mit FRIEDERICHS (1937) holistischem Ansatz korreliert, setzen jedoch in Wirklichkeit wesentlich früher an.

Sie werden einerseits getragen von der Soziologie (Sozialökologie, Humanökologie, Anthropoökologie), entwickeln sich andererseits folgerichtig aus Abgrenzungsschwierigkeiten zwischen Ökologie und Verhaltensforschung (vgl. KLOPFER 1968). Für ODUM (1971) ist "human ecology" nichts anderes als "population ecology of a very special species—man!"

Ohne auf die in der amerikanischen Literatur häufig unbekümmert synonym verwendeten "Human ecology" und "Social ecology" eingehen zu wollen, sind Stellungnahmen von Soziologen zu dem, was sie unter Sozialökologie verstehen, hier sicherlich hilfreich. Für WALLNER (1972, S. 179) sind „Stadt und Raum Forschungsgegenstand der Sozialökologie, die im wesentlichen die räumliche Umwelt-Bezogenheit des sozialen Lebens bestimmter Schichten, Gruppen oder ganzer Gemeinden untersucht". Von DUNCAN (1969) wird die gesamte Ökologie gleich zur Soziologie gestellt:

„Seit ihren Anfängen war die Ökologie deshalb eine im wesentlichen soziologische Disziplin, wenn auch die ersten Untersuchungen, die unter dem Namen Ökologie liefen, auf Pflanzen und Tiere beschränkt waren."

Grenzziehungen, die aus methodischen Gründen notwendig sind, beginnen zu verschwimmen. Jede Adaptation des Menschen an seinen Lebensraum, von einer rein modifikatorisch bedingten Erythrozytenvermehrung in den Hochlagen der Erde bis zur Kunst und Kultur werden Teilaspekte der „Ökologie". KLOPFER (1968) hat deutlich herausgearbeitet, wo „psychologische Gesichtspunkte" helfen können, ökologische Probleme zu lösen, und besonders LORENZ und seine Schule haben die Zusammenhänge zwischen Verhaltensforschung und Ökologie dargestellt. Dadurch wurde jedoch aus der Ökologie keine Psychologie und aus der Verhaltensforschung keine Ökologie.

In diesem Zusammenhang ist es erwähnenswert, daß von manchen Autoren die Sozialökologie als Teilgebiet der „sozialen Morphologie" angesehen wird.

„Die Entwicklung der mehr soziologischen Variante der Sozialökologie — also der Versuch, Strukturen und Prozesse in sozialen Systemen mit einer bestimmten räumlichen Basis zu erklären — stellt aber logisch, theoretisch und methodisch die Eigenständigkeit der Sozialökologie wachsend in Frage. Sozialökologie wird immer mehr ein Teil der Gemeindesoziologie" (KÖNIG 1967).

Daß menschlich-soziales Leben ein Teil der Natur ist, sich jedoch nicht darin erschöpft, ergibt sich bei kritischer Reflexion von selbst. Nicht nur historische Fairneß, sondern ebenso die aufgezeigten Gefahren einer inhaltlichen Erweiterung gebieten es, den Ökologiebegriff in jener Form als Wissenschaftsbegriff zu erhalten, wie er von HAECKEL bereits 1866 formuliert wurde. Danach untersucht die Ökologie die naturgesetzlich faßbaren Wechselbeziehungen zwischen Organismen (Pflanze, Tier, Mensch) und deren Außenwelt. Es ist m. E. jedoch selbstverständlich, daß vor allem die Humanökologie (vgl. EHRLICH, EHRLICH und HOLDREN 1973) zum vollen Verständnis ihrer Probleme Kenntnis von soziologischen, psychologischen, letztlich von allen den Menschen betreffenden Forschungsergebnissen haben muß. Obwohl ich mit FRIEDRICHS (1937) in vielen Ansichten übereinstimme, möchte ich seiner Ausweitung des Ökologiebegriffes als alle Wissenschaften umfassender methodischer Ansatz entgegentreten. Sehr viele andere Wissenschaften rechnen diese ganzheitliche synthetische Sicht der Dinge ebenfalls zu ihrem spezifischen Forschungsanliegen.

2.3. Biogeographie, Landschaft und Umweltschutz

Hinter dem Landschafts- und Umweltschutzbegriff verbergen sich ähnliche inhaltliche und terminologische Probleme. Da die Biogeographie mit beiden Begriffen arbeiten muß, erscheint auch ihre Definition gerechtfertigt.

2.3.1. Landschaft

Landschaft ist ein mehrdeutig verwandter Begriff. In der wissenschaftlichen Geographie impliziert er die Beschaffenheit eines aufgrund der Gesamtbetrachtung als Einheit erfaßbaren Teils der Erdhülle (Geosphäre) von geographisch relevanter Größenordnung (SCHMITHÜSEN 1964). Die „Beschaffenheit“ beinhaltet das „Zusammenbestehende im Raum“ (ALEXANDER VON HUMBOLDT 1808), ein dynamisches System von Raumstrukturen. Vom Wesen der Geosphäre her, dem ranghöchsten Ökosystem, sind die Grundeinheiten der Landschaften als Wirkungsgefüge (Synergosen) zu verstehen, für die zu erforschen gilt, wie stark sie anorganisch, organisch (biotisch) oder vom Geist des Menschen bestimmt und geformt sind (SCHMITHÜSEN 1975). Anorganische „Naturlandschaften“ (z. B. Eiswüsten), belebte Naturlandschaften und Kulturlandschaften kennzeichnen sprachlich die jeweils vorherrschenden Gestaltungsfaktoren.

Die kleinsten naturgegebenen (abiotischen) Grundeinheiten einer Landschaft sind die Fliesen (Physiotope), die mit ähnlichen abiotischen Bereichen, mit denen sie durch Wechselwirkungen eng verknüpft sind, zu einem Fliesengefüge (Physiochor) zusammengefaßt werden können. Durch diese abiotischen Bestandteile hat die Landschaft ein räumliches Grundgerüst, das sich auch bei stärkster menschlicher Beeinflussung und Überlagerung erhält. An diese Struktur ist die lebendige Welt durch vielfältige Wechselbeziehungen räumlich gebunden. Die abiotischen und biotischen Komponenten sind in ihrer Verbreitung und ihren Standorten völlig oder hochgradig determiniert. Das Gesamtgefüge aller räumlich vereinigten abiotischen und nicht geistbestimmten biotischen Faktoren ist die Landesnatur. In der belebten Naturlandschaft finden wir eine im Sinne der Ökologie gesetzmäßige Ordnung, die durch die anorganischen Grundlagen der Landschaft räumlich determiniert ist. Als wissenschaftlicher Grundbegriff ist die „Landschaft", trotz Mehrdeutigkeit des Wortes, für die Geographie von ähnlichem Rang wie Lebensgemeinschaft für den Ökologen, Epoche für den Historiker, Gestein für den Petrographen oder Population für den Evolutionsgenetiker. Die Landschaft als „Totalcharakter einer Erdgegend" im Sinne von ALEXANDER VON HUMBOLDT (1808), als „die einem Lande eigentümliche Gestalt" (RITTER 1822) oder als „Einheit stufenweise integrierter Lokalsysteme" (ROSENKRANZ 1850) ist durch vergleichende Beobachtung, analytische Methoden und Abstraktion erfaßbar (BOBEK und SCHMITHÜSEN 1967). Als Begriff bezieht sie sich immer auf den gesamten Inhalt eines Teilstücks der Erdoberfläche, „soweit er normativer Betrachtung zugänglich ist" (SCHMITHÜSEN 1964). Jede Landschaftseinheit (Synergose) zeichnet sich durch charakteristische Merkmale aus (synergetisch isomorph), die in ihrer räumlichen Verbreitung zu Landschaftsräumen (Synergochoren), den Elementarbausteinen der Landeskunde, zusammengefaßt werden können. Landschaftsforschung (Synergetik) wird damit zu einer wichtigen Grundlage der Länderkunde (Choretik).

Das Wort „lantscaf" taucht erstmals im Jahre 830 als Übersetzung des lateinischen Wortes „regio" auf. Das englische "landscape" spricht dagegen die „Landesgestalt" an. Bis zum 15. Jahrhundert wurde das Wort Landschaft überwiegend im Sinne von Gebiet, Gegend oder Territorium verwandt. Erst mit der Entwicklung der Malerei an der Wende zur Neuzeit erhielt es eine neue Bedeutung. „Landschaft" wurde zum Inhalt eines Erdraumes und in der Landschaftsmalerei zum selbständigen Darstellungsobjekt. Die Vorgeschichte des wissenschaftlichen Landschaftsbegriffs entwickelt sich während dieser Zeit (SCHMITHÜSEN 1968, 1973).

2.3.2. Umweltschutz

Die aus der Landschaftsforschung resultierende Landschaftsbewertung liefert Grundlagen u. a. zum Schutz und zur zweckmäßigen Nutzung der Landschaften. Die naturfaktorielle Matrix der Landschaften ist ein Synonym zur „formalen Umweltqualität" im Sinne von BUGMANN (1975), während in der „funktionalen Umweltqualität die subjektiven Ansprüche des Menschen an

Elemente, Sphären und Wirkungsgefüge der Natürlichen, Gebauten und Sozialen Umwelt im Hinblick auf gewünschte Wirkungen und Benutzungsmöglichkeiten" gesehen werden (BUGMANN 1975, S. 15).

Umweltschutz ist ausschließlich der Schutz der formalen Umweltqualität. Unter Umweltschutz lassen sich alle Maßnahmen zur langfristigen Sicherung des Zusammenwirkens der Kräfte verstehen, die das Leben an einer Erdstelle bedingen und erhalten. Umweltschutz zielt deshalb auf eine Reduktion der Belastung und eine Verbesserung der Selbstregulationsfähigkeit von Ökosystemen. Der Schutz einzelner Organismen bzw. einzelner Umweltfaktoren ordnet sich entsprechend der jeweiligen Bedeutung für die Selbstregulation und Stabilität eines belebten Systems diesem Ziel unter. Vom Menschen aus betrachtet umfaßt Umweltschutz primär alle erforderlichen Maßnahmen, die zur Sicherung seiner natürlichen Umwelt, seiner Gesundheit und für sein „menschenwürdiges Dasein" getroffen werden müssen. Daraus erst ergibt sich der Schutz der Naturgrundlagen seiner Existenz (Boden, Wasser, Luft, Organismen) und die Verpflichtung, die durch menschliche Eingriffe bedingten nachteiligen Umweltveränderungen zu verhindern oder zu beseitigen. Der hierzu notwendige Maßnahmenkatalog umfaßt sowohl die Raumordnung (Umweltplanung), die Technologie (u. a. umweltfreundliche Technologien), die Ökologie (u. a. Einsatz lebendiger Systeme zur Belastungsreduktion; Grünflächen), die Rechtsprechung (Umweltschutzgesetze) und die Erziehung (Erziehung zu einem umweltbewußten Verhalten). Diese in den meisten Ländern allgemein anerkannten Umweltschutz-Ziele werden durch internationale Abmachungen (u. a. Angleichung der Meßmethoden, gemeinsame Umweltpolitik, internationales Umweltschutzrecht) zur Vermeidung von Wettbewerbsverzerrungen abgesichert. Auf nationaler Ebene existieren Umweltschutzgesetze, die in einzelnen Ländern bereits seit über 20 Jahren erfolgreich eingesetzt werden. Forschungsergebnisse der letzten Jahre machen jedoch Veränderungen einzelner Richt- und Grenzwerte notwendig. Zweck dieser Gesetze (z. B. Bundes-Immissionsschutzgesetz in der Neufassung vom 15. März 1974) ist es, „Menschen sowie Tiere, Pflanzen und andere Sachen vor schädlichen Umwelteinwirkungen ... zu schützen und dem Entstehen schädlicher Umwelteinwirkungen vorzubeugen".

Umweltschutzmaßnahmen zielen auf Strukturveränderungen im Sinne von Strukturverbesserungen. Die von ihnen z. T. erzwungenen technologischen Verbesserungen bedeuten langfristig eine Erhaltung der Konkurrenzfähigkeit der Produkte, was besonders für die technisch-kommerziellen Exportländer von entscheidender Bedeutung ist.

Den durch Umweltschutzmaßnahmen bedingten Arbeitsplatzverringerungen in manchen Produktionsbereichen stehen durch die gleichen oder ähnliche Maßnahmen hervorgerufene Neubildungen von Arbeitsplätzen gegenüber — ein Aspekt des Umweltschutzes, der bisher noch zu wenig beachtet wurde, der jedoch verdeutlicht, daß Umweltschutz ein ökonomisch-ökologisches Gesamtmodell für alle Räume der Biosphäre anstreben muß. Dabei ist es bedeutungslos, ob diese Räume marktwirtschaftlich orientierte oder nach einem zentralen Plan ausgerichtete Wirtschaftssysteme besitzen (Höhmann et al. 1973).

3. AREALSYSTEME, POPULATIONEN UND RAUMBEWERTUNG

Die Anwendung des Begriffes „Bioindikator" impliziert, daß die Frage nach den Ursachen des Existierens und/oder Reagierens eines Organismus oder eines belebten Systems bereits aufgeklärt ist. Im Freiland lassen sich aus Veränderungen der Arealsysteme der Taxa, aus Wandlungen von Biozönosen sowie aus Reaktionen von Populationen und Organismen Rückschlüsse auf die sie bewirkenden Faktoren ziehen. Diese Informationen sind jedoch bei Tieren und Pflanzen im allgemeinen sehr komplex, und ihre Interpretation erfordert experimentelle Untersuchungen zur ökologischen Valenz, die Erstellung von Wirkungskatastern mit Tieren und Pflanzen im zu bewertenden Raum und Rückstandsanalysen von Schadstoffen in Freilandpopulationen und exponierten Organismen.

3.1. Informationsgehalt und Arealsysteme

3.1.1. Voraussetzungen für die Erfassung und Kontrolle von Arealsystemen

Ökologisch streng an einen bestimmten Raum gebundene Taxa werden, da sie von dem Zusammenspiel der an der betreffenden Erdstelle wirkenden Faktoren abhängig sind, zu Indikatoren für die Gesamtheit der äußeren Lebensbedingungen, die auf ihre Lebensstätte einwirken, und durch ihre Verbreitung zu Begrenzungsfaktoren von Räumen mit gleichen oder ähnlichen Umweltbedingungen. Voraussetzung für eine entsprechende Indikatorqualität eines Areals ist jedoch die genaue Kenntnis seiner variablen Strukturmerkmale (u. a. Kenntnis der ökologischen Valenz der das Areal aufbauenden Populationen, ihre populationsgenetische Struktur). Verbreitungsgebiete der Taxa werden deshalb von uns als *Arealsysteme* aufgefaßt (MÜLLER 1973, 1974, 1976). Damit wird verdeutlicht, daß Organismen und/oder Populationen zwar adaptive Teilsysteme von Ökosystemen sind, ihre räumliche Verwirklichung jedoch auf höchst komplizierte Weise in Auseinandersetzungen zwischen endo- und exogenen Faktoren gewonnen wird. Unter Arealsystem verstehen wir ein von der ökologischen Valenz, genetischen Variabilität und Phylogenie von Populationen und der räumlich und zeitlich wechselnden Wirkungsweise abiotischer und biotischer Faktoren bestimmtes adaptives Teilystem der Biosphäre, das sowohl ökologische als auch phylogenetische Funktionen besitzt, und dessen flächenhafte Ausdehnung durch ein dreidimensionales Verbreitungsgebiet unterschiedlicher Größe und Struktur gekennzeichnet werden kann.

Die Aufschlüsselung seines Informationsgehaltes erfordert den Aufbau eines flächendeckenden Informationsnetzes, in das sowohl die für eine Populationsdefinition notwendigen chorologischen, als auch die ökologischen und populationsgenetischen Kriterien Eingang finden. Der Umfang eines solchen Erfassungssystems und die Notwendigkeit, die gewonnenen Daten mit anderen Raumeinheiten zu verknüpfen, erfordert ihre Aufarbeitung in rechenbaren Modellen (Faktoren- und Systemanalyse) und mit EDV-Anlagen. Voraussetzung für eine chorologische Erfassung und Kontrolle ist eine gleichwertige Informationsdichte in möglichst vielen Teilräumen des Areals, eine Arbeit, die ohne ein dichtes Mitarbeiternetz nicht zu leisten ist.

Analog den Verhältnissen auf den Sektoren der Luft- oder Wasserreinhaltung, wo zumindest für Teilräume der Bundesrepublik Deutschland Emissions- und Immissionskataster eingerichtet wurden, ist die Erstellung von Fundortkatastern notwendig. Sie sind Grundlage für jede biologische „Beweissicherung". Durch regelmäßige Kontrollen bestimmter Raster lassen sich Populationsveränderungen leichter erkennen, im Vergleich zu anderen Räumen bewerten und mit anderen Faktoren korrelieren.

3.1.2. Fundortkataster der Bundesrepublik Deutschland

Ähnlich wie bei den Pflanzen (vgl. u. a. Haeupler 1974) wird seit 1972 intensiv an einem Fundortkataster für die etwa 50 000 Tierarten der Bundesrepublik Deutschland gearbeitet (Näheres bei Müller 1972, 1974, 1976, 1977). Aus systematischen, arealtypologischen, populationsgenetischen und regionalen Gründen sind in dieses „Erfassungs-Programm" 28 Tiergruppen bisher einbezogen. Als Grundkarte dient eine UTM-Rasterkarte (2712 — 10 × 10 km Raster) der Bundesrepublik Deutschland. Freiwillige Mitarbeiter übermitteln ihre Verbreitungsinformationen entweder direkt auf Standard-Karteikarten, die nach Lochung sofort einer computermäßigen Bearbeitung zugeführt werden können, bzw. auf Arten- oder Fundortlisten. Jeder Fundort wird zeitlich gestaffelt durch die Standardkarteikarte exakt festgelegt. Entsprechend den von uns verwandten Rechenprogrammen für die Bundesrepublik Deutschland wird ihn der computergesteuerte Plotter jedoch im Mittelpunkt eines 10 × 10 km großen Rasters ausdrucken (vgl. Abb. 1 u. 2). Jede Fundortkarte einer Art wird durch einen Mitarbeiter- und Informationskataster „abgesichert". Beide haben die Aufgabe, die Gleichmäßigkeit der Bearbeitung eines größeren Raumes zu garantieren (Klomann 1975, Klomann und Müller 1975, Müller 1976).

Besondere Aufmerksamkeit widmen wir klein- und großräumigen Arealverschiebungen, kleinarealen, seltenen und eingeschleppten Arten, sowie der Kontrolle von Arealgrenzen, die verblüffende Koinzidenzen zu naturräumlichen Strukturen, konkurrierenden Arten und Futterpflanzen sowie zu verschiedenen Belastungsstufen unserer Landschaften aufweisen. Durch das flächendeckende Informationssystem wird z. B. vermieden, daß von der Beobachtung einer Populationsregression eines Taxons in Bayern auf analoge Verhältnisse in Niedersachsen ohne entsprechende Rückkopplung geschlossen wird.

3.2. Informationsgehalt von Biozönosen und Populationen

Organismen und Populationen sind Teile sich gegenseitig bedingender, standortgebundener Biozönosen. Populationen und Biozönosen reagieren zwar nach eigenen Regeln, doch können sie nur existieren, wenn sie beständig auch Informationen über andere Komponenten aus ihrem Arealsystem speichern und verarbeiten. Deshalb kann die strukturelle und/oder energetische Analyse von Biozönosen wesentlichen Aufschluß über den von ihnen belebten Raum geben. Die biozönotische Struktur ist abhängig von der Diversität ihrer Einzelelemente.

Zahlreiche Methoden und mathematische Modelle wurden entwickelt, um den Informationsgehalt einer Biozönose über die Analyse der sie zusammensetzenden Gruppendiversitäten zu ermitteln (u. a. WIENER 1948, SHANNON 1948, SHANNON und WEAVER 1949, PIELOU 1969, 1975, MURDOCH und OATEN 1975, PATTEN 1975, WHITTAKER 1975).

3.2.1. Diversitätsanalysen und Raumbewertung

Jedes abstrakte oder konkrete System, das in einzelne Elemente und von diesen abhängige Untereinheiten zerlegbar ist ("set-subset systems"), läßt sich durch die spezifische Diversität seiner Elemente kennzeichnen (z. B. Artendiversität, Biomassendiversität, Ökotypendiversität). Die Speziesdiversität eines Systems ist abhängig von der Häufigkeit der vorkommenden Arten und der Gleichmäßigkeit der Verteilung der Individuen auf die einzelnen Arten (= Äquität im Sinne von STUGREN 1974; evenness oder equitability im Sinne von PIELOU 1969). Die Speziesdiversität kann verglichen werden mit dem „Grad der Ungewißheit", mit der man bei einem zufälligen „Griff" in ein System ein bestimmtes Informationselement erhält. Die Diversität wird folglich dann am größten sein, wenn bei möglichst großer Artenzahl alle Arten gleich häufig sind.

Artenzahl und Individuenmenge lassen sich mit folgender, von SHANNON

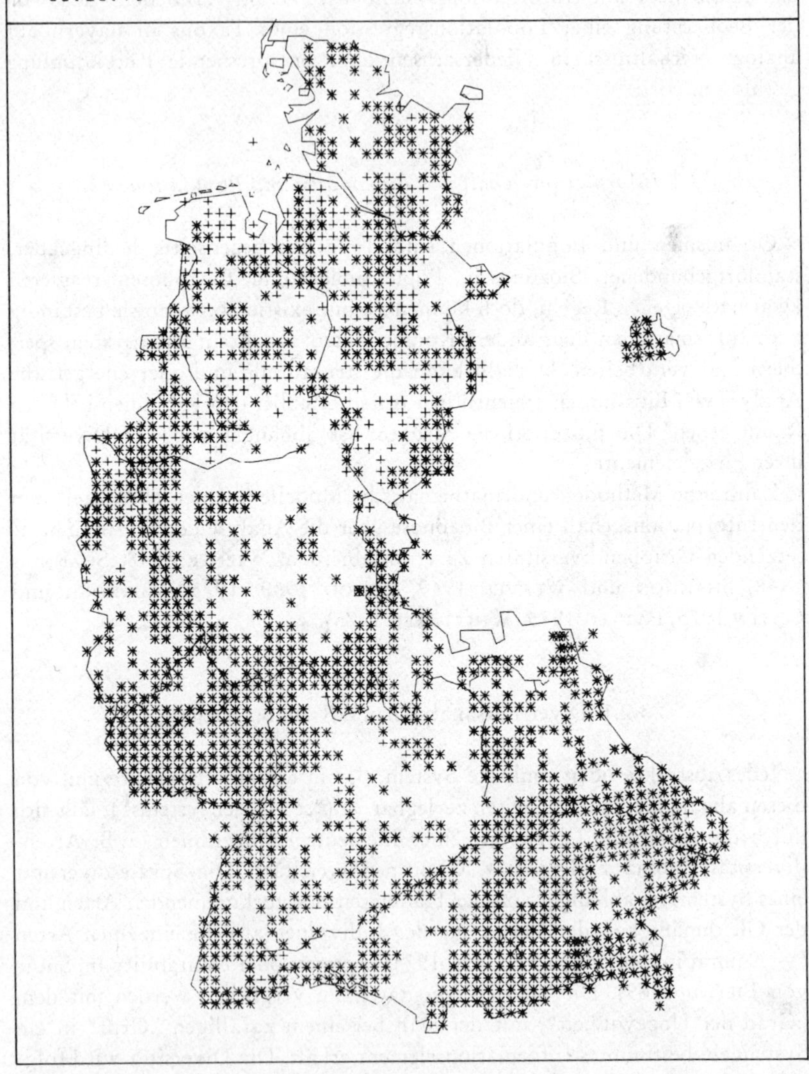

Abb. 1: Fundortkataster für die Schlangenarten (Serpentes) der BRD. Die dem Kataster zugrundeliegende Karte stellt eine UTM-Projektion dar. Ein Zeichen repräsentiert ein Raster mit der Kantenlänge 10 × 10 km. Es bedeuten: * = Nachweise ab 1960; + = Nachweise vor 1960.

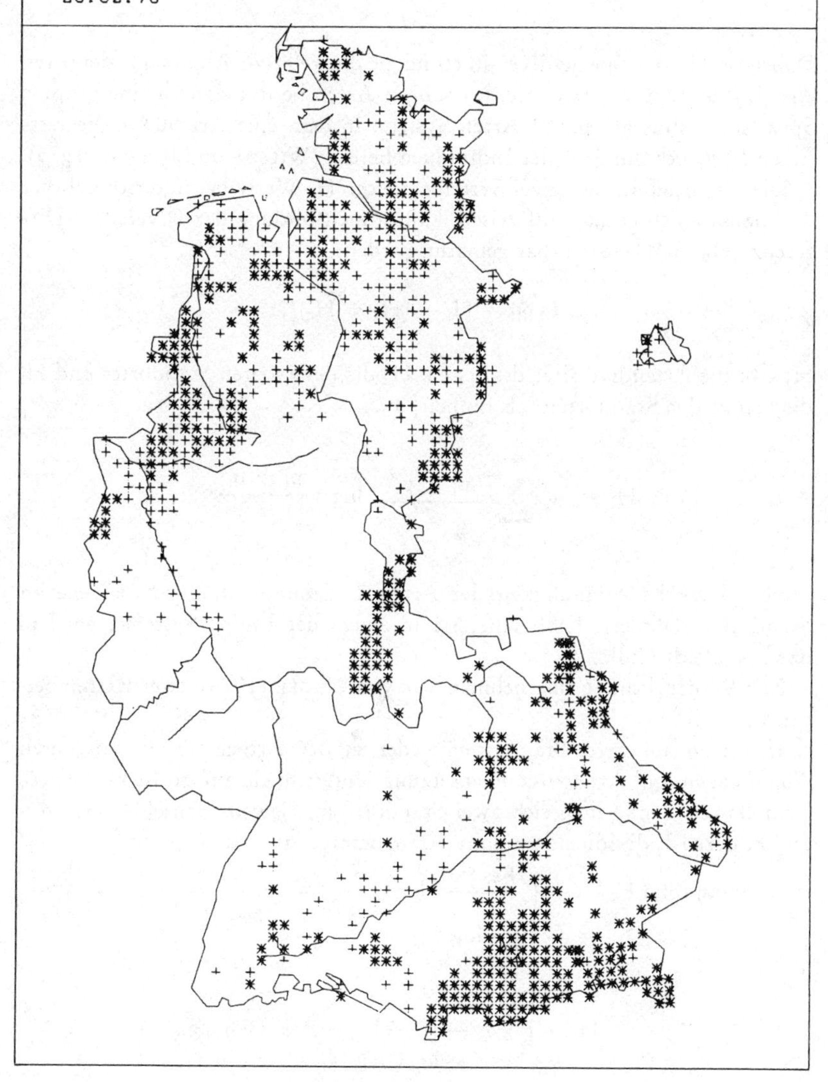

Abb. 2: Verbreitung der Kreuzotter (Vipera berus) in der BRD.

(1948), WIENER (1948) und PIELOU (1969) begründeten Formel zur Speziesdiversität verknüpfen:

$$H_s = -\sum_{i=1}^{s} p_i \log p_i.$$

Dabei ist H_s die Speziesdiversität und p_i die relative Abundanz der i-ten Art. Ein System mit zwei gleich häufigen Arten besitzt danach eine größere Speziesdiversität als ein 11-Arten-System, in dem eine Art 90 %, die restlichen 10 jedoch nur 1 % der Individuen liefern (WILSON und BOSSERT 1973).

Die Möglichkeit, daß zwei Systeme gleiche H_s-Werte bei unterschiedlicher Artenzusammensetzung aufweisen, kann durch Bildung der Diversitäts-Differenz-(H_{diff})-Werte sichtbar gemacht werden:

$$H_{diff} = H_t - (H_1 + H_2)/2.$$

H_1 gibt die Artendiversität des ersten, H_2 die des zweiten Standortes und H_t die von beiden Standorten (als Einheit) an.

$$H_t = -\sum_{i=1}^{s} \frac{p_i + p_i'}{2} \log \frac{p_i + p_i'}{2}.$$

Durch pi wird die Häufigkeit der Arten an Standort 1, durch pi′ jene an Standort 2 definiert. Fehlt eine Art in einem der beiden Systeme, wird pi bzw. p_i' gleich Null.

Zur Verdeutlichung übernehmen wir von NAGEL (1976) zwei Extrembeispiele:

a) Treten auf zwei Standorten weder in der Artenzahl noch in deren Abundanzen und Artenzusammensetzung Unterschiede auf, so ist $H_{diff} = 0$. Zum Beweis denke man sich zwei Standorte mit jeweils denselben Arten a und b, deren Individuendominanz 50 % beträgt, also $p_a = p_b = p_a' = p_b' = 1/2$, dann folgt $H_t = -\left(\frac{1/2 + 1/2}{2} \log \frac{1/2 + 1/2}{2} + \frac{1/2 + 1/2}{2} \log \frac{1/2 + 1/2}{2}\right)$

$$\begin{aligned} &= -2\,(1/2 \log 1/2) \\ &= -\log 1/2 \\ &= \log 2 \end{aligned}$$

$$\begin{aligned} H_1 = H_2 &= -[(1/2) \log (1/2) + (1/2) \log (1/2)] \\ &= -\log (1/2) \\ &= \log 2. \end{aligned}$$

Setzen wir die Werte in die Formel für H_{diff} ein, so ergibt sich:

$$H_{diff} = \log 2 - (\log 2 + \log 2)/2$$
$$= 0$$

b) Tritt auf zwei Standorten bei gleicher Arten-Diversität eine völlig andere Artenzusammensetzung auf, dann muß sich ein maximal möglicher Diversitätswert ergeben. Zum Beweis denke man sich die Arten a und b auf Standort 1, A und B auf Standort 2, p_i sei jeweils für beide Arten 1/2, dann gilt:

$$H_t = -(1/4 \log 1/4 + 1/4 \log 1/4 + 1/4 \log 1/4 + 1/4 \log 1/4)$$
$$= -\log 1/4$$
$$= 2 \log 2$$
$$H_1 = H_2 = \log 2.$$

Daraus folgt:

$$H_{diff} = 2 \log 2 - 1/2 (\log 2 + \log 2)$$
$$= 2 \log 2 - \log 2$$
$$= \log 2.$$

Das bedeutet, daß die maximal zwischen zwei Standorten mögliche Diversitätsdifferenz log 2 nicht überschreiten kann.

Diskussionen auf dem Intecol-Kongress 1974 in Den Haag und eigene Befunde (Müller et al. 1975, Nagel 1975, Schäfer 1975, Schäfer und Müller 1976, Thomé 1976) verdeutlichen Möglichkeiten und Grenzen von Diversitätsanalysen. Für die Biogeographie liefern Arten-Diversitäts- und Diversitäts-Differenz-Werte eine Möglichkeit, den Verwandtschaftsgrad von Biozönosen und den von ihnen belebten Standorten zu bestimmen. Allgemein anwendbar sind Diversitätsindizes zur Charakterisierung anthropogener Belastungen, da sich die Speziesdiversität eines Systems allein schon durch Veränderungen der relativen Abundanzen der „systemeigenen" Organismen meist verringern wird. Der Grad dieser Veränderung ist jedoch ebenfalls von der Strukturdiversität des Lebensraumes der Biozönose abhängig. So wird z. B. die Diversität und Verbreitung der Benthoszoozönosen in der Saar nicht nur von der chemisch-physikalischen Belastung, sondern ebenfalls durch die Strukturmerkmale des Ufers und die hydrographische Situation des Flußabschnittes bestimmt (Müller und Schäfer 1976, Schäfer und Müller 1976).

Diversität und Information sind transferierbar. Es ist das Verdienst u. a. von MacArthur (1955), Margalef (1957, 1958, 1975), Pielou (1969, 1975) und Stugren (1974), die notwendigen Voraussetzungen geschaffen zu haben, um informations- und kommunikationstheoretische Denkweisen in die Ökologie zu integrieren.

3.2.2. Pflanzen- und tiersoziologische Methoden und Raumbewertung

Die Existenz von Tieren und Pflanzen ist naturgemäß eng mit der trophischen Struktur und Funktion von Ökosystemen verknüpft. Damit hängt die Struktur von Biozönosen von den tages- und jahreszeitlichen Schwankungen der artspezifischen Nischenvariablen ab. Da die Biozönosen an eine bestimmte Standortqualität gebunden sind, ändern sie sich oftmals dort, wo sich das Zusammenwirken der Geländefaktoren ändert. Das kann bedeuten, daß innerhalb einer Naturlandschaft mit verschiedenen Biozönosen Flächen desselben Fliesensystems dieselbe Biozönose besitzen. Die räumliche Gliederung der potentiellen natürlichen Vegetation, die das gegenwärtige Wuchspotential eines Standortes verdeutlicht (SCHWICKERATH 1944, 1954), wird damit zum Indikator für die Physiotope einer Landschaft (vgl. SCHMITHÜSEN 1967). Durch die Kartierung bestimmter Gesellschaftsstufen, zum Beispiel aus Ackerunkrautgesellschaften, läßt sich nicht nur das Alter der Rodungsflächen erkennen, sondern auch (über die Kenntnis der Sukzessionsfolge) die zukünftige Landschaftsentwicklung (TÜXEN 1950, 1956, 1970) (vgl. Abb. 3).

Am Beispiel des Hammelsberges bei Perl im Dreiländereck zwischen Frankreich, Deutschland und Luxemburg hatten wir das auch für Tiere näher ausgeführt (MÜLLER 1971). Das Hammelsbergplateau (oberhalb 330 m) wird gegenwärtig ackerbaulich genutzt. Der Berg verdankt sein heutiges Aussehen dem Menschen. Eine pflanzensoziologische Aufnahme des Gebietes zeigt, daß auf dem Südwesthang zwar Halbtrockenrasengesellschaften noch dominieren, doch drängen an vielen Stellen bereits Buchenkeimlinge vor. Der Nordhang erscheint im pflanzensoziologischen Bild, von geringfügigen Ausnahmen abgesehen, als Kalkbuchenwald, und zwar vom Typ des Melico-Fagetum. Aus den bisherigen Kenntnissen über die weitere Sukzessionsfolge können wir annehmen, daß sich als Klimaxgesellschaft auf dem Nordhang und der ackerbaulich genutzten Plateaufläche ein Melico-Fagetum, und auf dem Südhang ein Eichen-Buchen-Mischwald (mit Buchendominanz) einstellen würde.

Die Befunde bei den Bodenzoozönosen, unter denen es extrem feine Indikatoren für bestimmte Geländefaktoren gibt (RABELER 1967, ANT 1969, THIELE und BECKER 1975 u. a.), fügen sich widerspruchslos in dieses Bild ein. Die am Hammelsberg vorkommenden Organismen zeigen, daß dieses Gebiet vom Wuchspotential her Waldland ist. Der Trockenrasen, der das Besondere des Hammelsberges ausmacht, wird zugunsten eines Eichen-Buchen-Mischwaldes verschwinden. Mit Recht hat TROLL (1968) darauf hingewiesen, daß zum vollen Verständnis der ökologischen Dynamik eines Gebietes eine biozönologische Analyse „unentbehrlich“ ist. Die Untersuchungen der letzten Jahre haben überzeugend die Bedeutung pflanzen- und tiersoziologischer Methoden für die Aufklärung von Raumqualitäten erbringen können. Allerdings hat sich auch gezeigt, daß die konsequente Anwendung pflanzen-

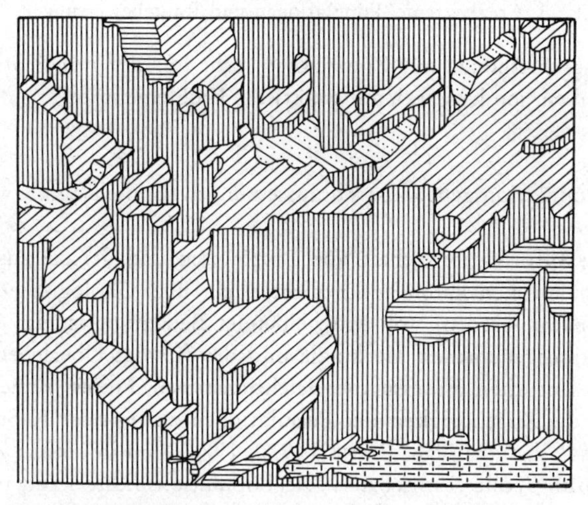

Physiotopkarte

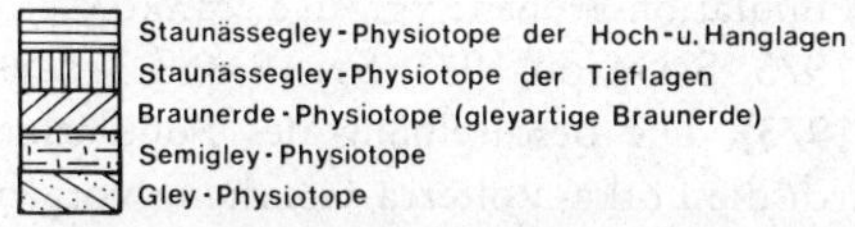

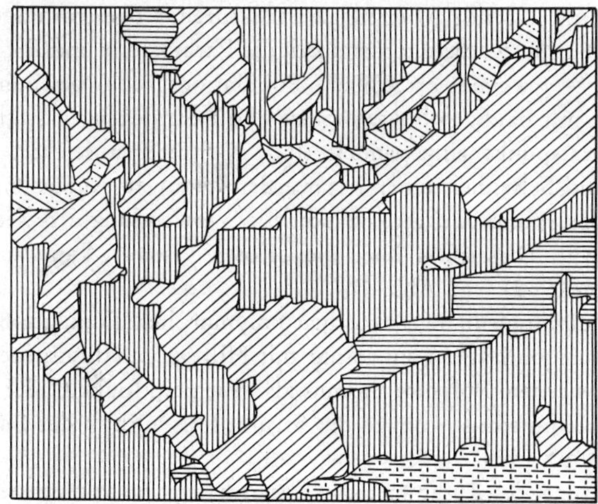

Vegetationskomplexe

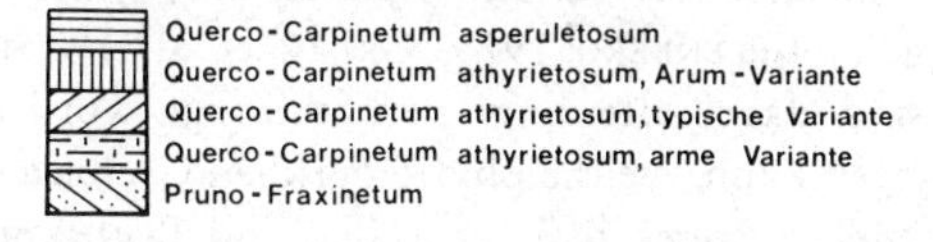

Abb. 3: Zusammenhang zwischen Physiotopen und Pflanzen-Assoziationen
(nach WEDECK 1967).

soziologischer Methoden auf Zoozönosen nicht nur auf informationstheoretische Bedenken, sondern auch auf praktische Probleme stößt.

3.2.3. Populationsgenetische Voraussetzungen für die Raumbewertung

Der volle Informationsgehalt von Biozönosen und der sie zusammensetzenden Populationen kann jedoch nicht allein über ökologische Kenntnisse sichtbar gemacht werden. Von entscheidender Bedeutung ist die Aufklärung der populationsgenetischen Merkmale und der für das Überleben einer Population wesentlichen Fitnessmaße. Selektionstypen, Fitness einzelner Genotypen oder die Zugehörigkeit der Populationen zur r- oder K-Strategie des Populationswachstums (u. a. PIANKA 1970, 1974) sind in diesem Zusammenhang bedeutungsvolle Stichwörter. Die Populationsdichte kann mit steigender Populationsgröße zum wirksamsten Umweltfaktor werden (Problem der stabilen und instabilen Populationsgrößen; vgl. u. a. MARGALEF 1958, MACARTHUR 1972, PIELOU 1975, SPERLICH 1973, STERN und TIGERSTEDT 1974, WILSON und BOSSERT 1973). Die Beschreibung des Populationswachstums wird im allgemeinen durch die Lotka-Volterra-Gleichung vorgenommen. Sie beschreibt gleichbleibende Altersklassenstrukturen, wobei vorausgesetzt wird, daß das Populationswachstum nur durch die Parameter r und K (r = Wachstumsrate; K = maximal erreichbare Populationsgröße) bestimmt wird. In Ökosystemen mit häufigen Sukzessionen sind r-Strategen, in solchen, die um einen Stabilitätspunkt eingependelt sind, K-Strategen selektiv begünstigt. Häufigkeit und Seltenheit einer Art werden damit zu Anpassungsstrategien an ihren Lebensraum, und ihre vorschnelle Verwendung als „Gefährdungskriterium“ (vgl. Diskussion über die „Roten Listen“) kann unsinnig sein (u. a. PRESTON 1962) (vgl. Abb. 4).

Auch die Zusammenhänge zwischen polymorphen Populationen und bestimmten Raumqualitäten können nur mit Hilfe populationsgenetischer Kriterien erfaßt werden. Polymorphismus als „Vielgestaltigkeit“ der Individuen einer Spezies kann sich sowohl in der Struktur als auch in der Funktion ausprägen (SCHMIDT 1974).

Die Bedeutung des Zusammenspiels zwischen populationsgenetischen und ökologischen Faktoren wurde in den letzten Jahren sowohl durch autökologische Untersuchungen (u. a. NEUMANN 1974, THIELE 1974) als auch durch Ökosystemanalysen (u. a. ELLENBERG 1973, GRIMM et al. 1975) bestätigt. Urbane Ökosysteme sind dabei allerdings vernachlässigt worden, obwohl gerade ihre Analyse zeigen kann, welche physiologischen Grenzen und adaptiven Fähigkeiten lebende Systeme besitzen (GILL und BONNETT 1973, LI 1969, MÜLLER 1974, 1975, 1977, SCHMID 1975, STEARNS 1967, 1971, SUDIA 1972, SUKOPP et al. 1974, SWINK 1974).

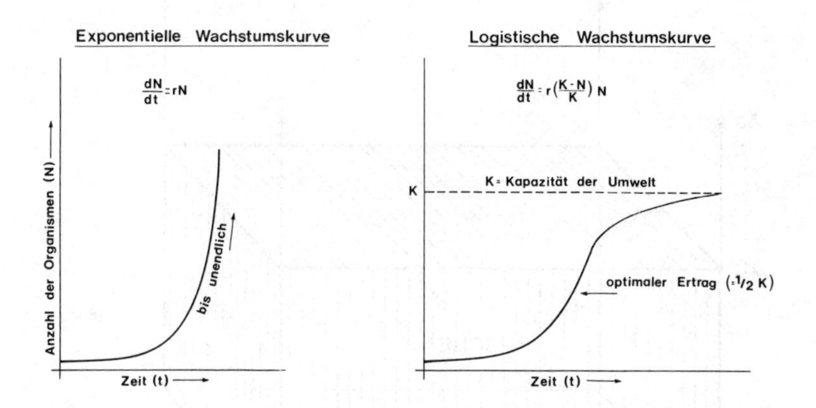

Abb. 4: Grundgleichungen für Populationswachstum.
Es bedeuten: N = Populationsgröße; dN/dt = Zuwachsrate von N in der Zeit; r = Konstante (= spezifische Zuwachsrate oder Malthus'scher Parameter). r-Strategen zeigen meist exponentielles, K-Strategen logistisches Wachstum.

3.3. Informationsgehalt von Organismen

Die aus Veränderungen und Reaktionen von Arealsystemen und Biozönosen gewonnenen Informationen müssen durch Analysen der sie aufbauenden Elemente, den einzelnen Organismen also, weiter vertieft und abgesichert werden. Die „Zeigerqualitäten" von Organismen sind damit angesprochen. Sie spielen in der Praxis eine erhebliche Rolle. Geologische Formationen (u. a. BROOKS 1972, ERNST 1974), Bodenqualitäten (u. a. ELLENBERG 1974) und deren immissionsbedingte Veränderungen (u. a. HAJDUK 1970, TRAUTMANN, KRAUSE und WOLFF-STRAUB 1970), Belastung der Luft und der Gewässer (vgl. urbane und limnische Ökosysteme) lassen sich durch bestimmte Pflanzen- und Tierarten anzeigen. Sie reagieren durch Erscheinen oder Verschwinden, phänologische Veränderungen und/oder physiologische Abweichungen. Sowohl wissenschaftstheoretische Überlegungen (u. a. KAISER 1975) als auch die Praxis erfordern jedoch, daß die Zeigerqualität entsprechender Arten durch weitere kausalanalytische Untersuchungen bestätigt wird (vgl. Abb. 5).

Durch zahlreiche Laborexperimente wurden für verschiedene Tier- und Pflanzenarten die Grenzwerte ihres Existenzspielraumes aufgezeigt. Manche der so gewonnenen Ergebnisse führten zur Festlegung gesetzlich verbindlicher Grenzwerte für bestimmte Schadstoffe (MIK-Werte).

Die schadstoffspezifischen Reaktionen der Organismen liegen jedoch über-

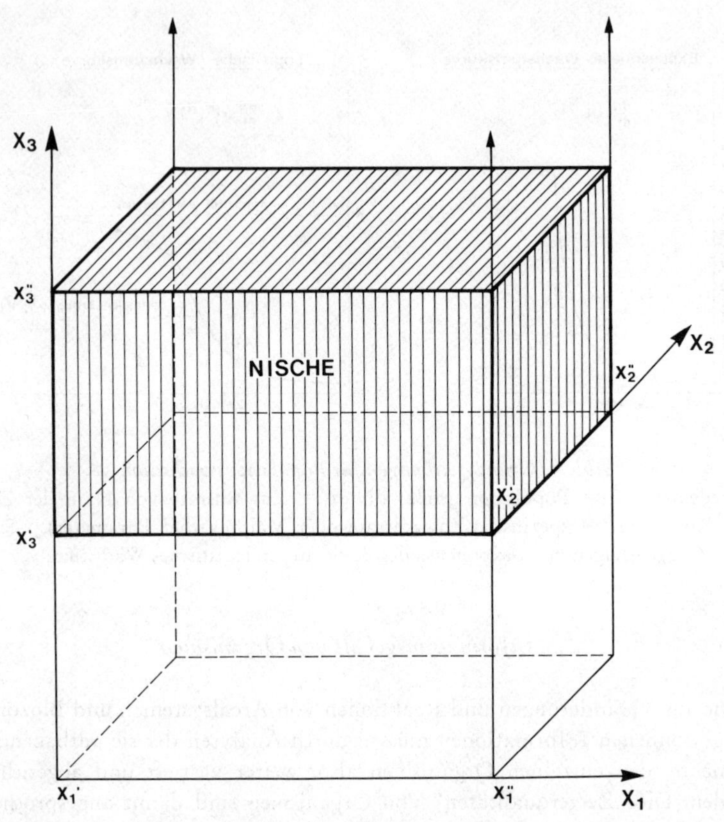

Abb. 5: Schematisches Modell einer dreidimensionalen Nische, die durch die Grenzwerte X_3, X_2 und X_1 gekennzeichnet werden kann. Die Kenntnis der ökologischen Nische eines Organismus liefert wesentliche Informationen über sein Existieren und Reagieren an einem Standort.

wiegend im physiologischen Bereich. Äußerlich z. B. sichtbare Schadsymptome sind zwar im Laborexperiment durch Zugabe eines Schadstoffes hervorrufbar, doch werden sie im Freiland meist von einem Faktorenkollektiv verursacht. Das Verschwinden des Laufkäfers *Abax ater* im Freiland kann auf SO_2-Konzentrationen von über 0,4 mg/m³ Luft, denen er nach 6stündiger Begasung bei 60 % Luftfeuchtigkeit erliegt, zurückgeführt werden. Es können jedoch ebenso Fluorionen, Schwermetalle oder schlicht Trockenheit die Ursache sein. Im Labor festgelegte Grenzwerte lassen folglich nur die Möglichkeit zu, aus der Existenz eines Organismus auf das Nichtvorhandensein oder nur in nichttoxischen Konzentrationen Vorhandensein eines entsprechenden Schadstoffes zu schließen.

Bedeutungsvoll werden diese Ergebnisse für die Bewertung von Räumen erst, wenn sie in flächendeckende Informationen umgesetzt werden können. Das ist im allgemeinen an vier Arbeitsschritte gebunden:
a) Laborexperimente (u. a. Begasungsversuche) zur Aufklärung der Nischenvariablen,
b) Untersuchungen zur Transferierbarkeit der Laborbefunde auf das Freiland,
c) Expositionstests mit geeigneten Tier- und Pflanzenarten im zu bewertenden Raum und
d) Rückstandsanalysen von Schadstoffen in exponierten Organismen und Freilandpopulationen.

3.3.1. Laborexperimente und deren Transferierbarkeit auf Freilandpopulationen

Zahlreiche limnische, marine und terrestrische Organismen wurden bisher autökologisch untersucht. In den letzten Jahren konzentrierte sich die Forschung besonders auf solche Arten, die entweder wirtschaftliche Bedeutung besitzen (u. a. Parasiten, Krankheitserreger, Nutztiere) oder in ihrer Resistenz gegenüber bestimmten Schadstoffen einen raschen Transfer zum Menschen gestatten. In Begasungsexperimenten wurde z. B. die Wirkung fast aller phytotoxischen Schadstoffe auch auf die traditionellen Labortiere (u. a. Goldhamster, Meerschweinchen, weiße Mäuse und Ratten) getestet. Für einzelne gasförmige Stoffe kam es dabei allerdings zu erheblichen artspezifischen Resistenzunterschieden.

So sind Ratten im SO_2-Experiment z. B. wesentlich widerstandsfähiger als Meerschweinchen und Grasfrösche. Von vielen Säugern (u. a. Ratten, Mäusen, Meerschweinchen, Goldhamstern, Kaninchen, Hunden, Schweinen, Katzen, Eseln, verschiedenen Affenarten, Menschen) wird SO_2 offensichtlich zu einem erheblichen Teil bereits im Nasen-Rachenraum adsorbiert (u. a. ALARIE et al. 1970, AMDUR 1958, AMDUR und UNDERHILL 1968, ANTWEILER 1973, ANTWEILER und POTT 1971, BARRY und MAWDESKY-THOMAS 1970, BATTIGELLI et al. 1969, GOLDRING et al. 1967, 1970, GREENWALD 1954, MATSUMURA 1970, ROSENBERGER 1963, SCHLIPKÖTER und ANTWEILER 1974, SWORZOWA et al. 1970, SPIEGELMAN et al. 1968, WEEDON et al. 1938).

Sehr gut untersucht ist die SO_2-Resistenz der Flechten. Sie ist abhängig von ihrem Wasserzustand, dem pH-Wert ihres Thallus und ihres Substrates. Vollkommen trockene Flechten nehmen kein SO_2 auf und erleiden infolgedessen keine oder nur geringe Schädigungen. Die Schädigung verläuft proportional zum ansteigenden Wassergehalt. Bei pH3 ist eine erhebliche Schädigung bei SO_2-Begasungen nachweisbar. Mit steigendem pH-Wert bis pH7 sinkt der

Schädigungsgrad. Diese Angaben verdeutlichen, daß für die kausale Deutung der SO_2-Resistenz bzw. Schädigung einzelner Flechtenarten die Kenntnis der mit dem SO_2 interferierenden Faktoren von erheblicher Bedeutung ist.

Hinsichtlich ihrer SO_2-Resistenz unterscheiden sich die einzelnen Flechtenarten erheblich. In Begasungsexperimenten (14 Stunden; 96 % Luftfeuchtigkeit; 4 mg SO_2/m^3 Luft) konnten WIRTH und TÜRK (1975) zeigen, daß die Nettophotosyntheserate als Maßstab für die SO_2-Schädigung angesehen werden kann.

23 Arten lassen sich in ihrer Resistenz gegenüber SO_2 in der nachfolgenden Reihenfolge anordnen:

1. *Lecanora conizaeoides*
2. *Xanthoria parietina*
3. *Lecanactis abietina*
4. *Alectoria pubescens*
5. *Parmelia acetabulum*
6. *Parmelia scortea*
7. *Lecanora varia*
8. *Rhizocarpon geographicum*
9. *Hypogymnia physodes*
10. *Lasallia pustulata*
11. *Parmelia omphalodes*
12. *Pertusaria corallina*
13. *Alectoria fuscescens*
14. *Parmelia sulcata*
15. *Parmelia saxatilis*
16. *Usnea florida*
17. *Hypogymnia bitteriana*
18. *Platismatia glauca*
19. *Lobaria pulmonaria*
20. *Parmelia stenophylla*
21. *Evernia prunastri*
22. *Parmelia glabratula*
23. *Collema criastatum.*

Die Aziditäts- und Puffereigenschaften des Substrates, auf dem Flechten in Verdichtungsräumen wachsen, spielen besonders für Krustenflechten eine bedeutsame Rolle. In stark immissionsbelasteten Gebieten können Flechten auf Kalkstein, Asbestdächern, oder im Bereich von Wundströmen an Baumstämmen noch überdauern, wenn andere Lebensräume bereits flechtenfrei geworden sind. Die Borke einzelner Baumarten besitzt artspezifische pH-Werte, die sich unter Einfluß von Immissionsbelastungen ändern können (LÖTSCHERT und KÖHM 1973). An einem einzigen Baum können sowohl physikalische als auch chemische Eigenschaften kleinflächig variieren. Bei Flechtenkartierungen muß darauf hingewiesen werden, daß das Verschwinden der Flechten z. B. auch auf Fluor- oder andere Immissionen zurückgeführt werden kann. Man kann folglich, wenn keine chemischen Analysen einer geschädigten Pflanze vorgenommen werden, nur aus dem Vorkommen einer bestimmten Flechte mit Sicherheit darauf schließen, daß bestimmte Schadstoffkonzentrationen in einem Raum noch nicht auftraten. Deshalb ist es wichtig, die relative Toxizität des SO_2 zu anderen Schadstoffen zu klären. In zahlreichen Versuchen haben in der Bundesrepublik Deutschland vor allem GUDERIAN (1960, 1962, 1973) und SCHÖNBECK (1969, 1972, 1974) die Stellung des Schwefeldioxyds zu anderen Schadgasen aufklären können. So wurden z. B. Buschbohnen, Rotklee, Radieschen, Tabak (BEL W_3), Gartenkresse, Petunien und Usambara-Veilchen nicht nur auf ihre Reaktion gegenüber SO_2 getestet, sondern ebenso gegenüber organischen Luftkomponenten (u. a. Dimethylformamid, Toluol, Äthylen, Propylen, Aceton, Trichloräthylen und Methylenchlorid).

Äthylen (vor allem durch Autoabgase in Stadtgebieten verbreitet) bewirkte bereits bei 0,6 mg/m^3 Luft nach wenigen Tagen starke Wachstumsdepressionen mit Blattverfärbungen sowie Blütenfall bei Petunien und Usambara-Veilchen. Bei einer Begasungskonzentration von 0,6 mg Äthylen pro m^3 Luft trat z. B. an Buschbohnen innerhalb von 5 Tagen ein Minderertrag von 25 % im Vergleich zur Kontrolle ein. Ähnlich starke Wachstumsminderungen wie bei der Buschbohne zeigten sich auch an Tabakpflanzen, die gegenüber sauren Abgasen (SO_2, HF, HCl) relativ widerstandsfähig sind. Bei Radieschen entstanden an den Rübenkörpern unter dem Einfluß von Äthylen Verschorfungen sowie Rißbildungen. Bei den untersuchten Testpflanzen Buschbohne, Rotklee, Gartenkresse, Tabak und Radieschen ergab sich auf das Wirkungskriterium Wuchsleistung, daß das Äthylen mindestens 4mal toxischer wirkt als die Vergleichskomponente SO_2.

Bei gemeinsamer Einwirkung von Äthylen und SO_2 kommt es zu additiven Wirkungen. Bei Buschbohnen trat nach 5tägiger Begasungsdauer mit 0,6 mg Äthylen pro m^3 Luft und 1,8 mg SO_2/m^3 eine Ertragsminderung von 40 % ein, während bei alleiniger Einwirkung von Äthylen der Minderertrag 25 % und bei SO_2 12 % betrug. Bei der Gartenkresse kam die Kombinationswirkung von Äthylen und SO_2 auch gut im Schadbild zum Ausdruck. Bei Äthylen zeigten sich Vergilbungen, bei SO_2 Blattnekrosen und bei der Einwirkung von Äthylen + SO_2 sowohl Vergilbungen als auch Nekrosen, wobei die Blätter insgesamt stärker geschädigt waren als bei der Einzelwirkung. Auf Dimethylformamid, das im Emissionskataster von Köln als organische Komponente am stärksten vertreten ist (3600 t/Jahr), reagieren Pflanzen unterschiedlich. Während Radieschen, Buschbohne und Kresse nur geringe Wirkungen zeigten, starb Rotklee bei Konzentrationen von 20 mg/m^3 Luft innerhalb von 5 Tagen ab.

Zu vergleichbaren Ergebnissen kommt KRAUSE (1975) bei Schwefeldioxid-Konzentrationen (0,2 mg SO_2/m^3 Luft) auf Buschbohnen, die mit Cadmium, Zink und einem Cadmium-Zink-Gemisch bestäubt waren. Die Wirkung verstärkte sich sowohl bei den Einzelstäuben als auch bei dem Gemisch. Besonders die mit Cadmium behandelten Pflanzen wurden nachhaltig geschädigt (vgl. Tab. 1).

Über zahlreiche andere flüssige sowie gas- und staubförmige Schadstoffe liegen ebenfalls Resistenzuntersuchungen mit limnischen und terrestrischen Organismen vor. Das gilt besonders für die chlorierten Kohlenwasserstoffe und Schwermetalle (u. a. BESCH et al. 1972, FASSBENDER 1975, GARBER 1974,

Tab. 1: Blattschädigung bei Buschbohnen (in %o der Gesamtfläche) nach einer Bestäubung mit Zink, Cadmium sowie einem Gemisch aus Zink und Cadmium (im Verhältnis 1: 1) mit nachfolgender SO_2-Begasung (nach KRAUSE 1975)

Versuchsdauer in Stunden	Zink		Cadmium		Zink/Cadmium		Kontrolle
	mit SO_2	ohne SO_2	mit SO_2	ohne SO_2	mit SO_2	ohne SO_2	nur SO_2
24	—	—	0,5	—	—*	—	—
48	—	—	3,0	—	0,5	—	—
72	—*	—	8,5	—	4,5	—	—
96	0,5	—	15,0	—*	11,0	—	—
120	3,5	—	22,5	0,5	16,5	—*	—
144	5,0	—	29,5	2,0	20,0	1,0	—

* Ausbildung erster Schadsymptome.

Auch die Beleuchtungsstärke kann die Immissionswirkung beeinflussen (vgl. Tab. 2).

Tab. 2: Schädigungsprozente an Laub- und Nadelbäumen bei Zunahme der Beleuchtungsstärke und relativen Luftfeuchte im Begasungsversuch bei 0,1 mg F/m^3 Luft (nach ROHMEDER und SCHÖNBORN 1967)

Beleuchtungsstärke in Lux	Schädigung in %		Luftfeuchte in %	Schädigung in %	
	Laubbäume	Nadelbäume		Laubbäume	Nadelbäume
500	14	24	65	25	20
1300	25	40	80	39	27
2500	55	70	90	55	57
5000	63	86	99	72	93

HETTCHE 1971, KLOKE 1974, KNAUF und SCHULZE 1972, MATSUMURA 1975, MOORE 1966, 1974, MORIARTY 1968, NISHIUCHI und HASHIMOTO 1967, WICHARD 1974, WICHARD und SCHMITZ 1975). Auch über oral aufgenommene Schwermetall-Konzentrationen liegen vor allem für Nutztiere Grenzwertbestimmungen vor (u. a. HAHN et al. 1972, HAPKE 1972, 1974).

Toxizitätsbestimmungen in Abhängigkeit von der Art der Aufnahme wurden ebenfalls für viele Stoffe durchgeführt (vgl. Tab. 3).

So wichtig diese Grenzwertbestimmungen auch sind, so können sie nicht darüber hinwegtäuschen, daß die Belastung eines Organismus oder einer Population im Freiland naturgemäß meist nicht von *einem* Faktor abhängt. Selbst die Wirkungsweise eines Schadstoffes ist von zahlreichen mit ihm interferierenden Faktoren abhängig, was auch durch zahlreiche Laborexperimente bestätigt wurde (u. a. KRAUSE 1975). Die in der Luft eines Verdichtungs-

Tab. 3: Letale Dosen (innerhalb von 48 Std.) der Fluorkieselsäure und ihrer Salze für Meerschweinchen nach oraler bzw. subkutaner Zugabe (nach VORONKOV et al. 1975)

Verbindung	letale Dosis (mg/kg) oral	subkutan
NaF	250	400
H_2SiF_6	200	250
Na_2SiF_6	250	500
K_2SiF_6	250	500
$(NH_4)_2SiF_6$	150	200
$MgSiF_6$	200	400
$CaSiF_6$	100	200
$ZnSiF_6$	100	200
$Al_2(SiF_6)_3$	5000	4000

raumes oder in einem Gewässer vorkommenden Stoffe stehen in z. T. außerordentlich komplizierten Wechselbeziehungen. Immissionsverringernde Maßnahmen, die nur einen Stoff (z. B. SO_2 oder bestimmte Stäube) berücksichtigen, können u. U. deshalb sogar zu einer Verstärkung der Immissionsschäden führen. Die Tatsache, daß Populationen in Räumen mit gleichem SO_2-Gehalt unterschiedlich reagieren, ist nicht nur auf populationsgenetische Differenzierungen zurückzuführen. Der Transfer der Laborergebnisse in die Planungspraxis muß deshalb gekoppelt werden an Informationssysteme, die als Bewertungsgrundlage exponierte Organismen mit bekannter ökologischer Valenz besitzen.

3.3.2. Expositionstests mit Organismen im Freiland (Wirkungskataster)

Immissionswirkungskataster auf der Basis von exponierten Tieren wurden erst in den letzten Jahren entwickelt. Im Vordergrund standen dabei limnische Organismen (vgl. MÜLLER und SCHÄFER 1976, SCHÄFER und MÜLLER 1976) und Nutztiere (vgl. HAHN et al. 1972, MOORE 1966, 1974, STÖFEN 1975, VETTER 1974). Pflanzen und Materialien werden dagegen bereits wesentlich länger in flächendeckenden Wirkungskatastern als „Wirk-Kriterien" verwandt (SORAUER 1911, SCHÖNBECK und VAN HAUT 1974, PRINZ 1975, MÜLLER 1975) (vgl. Abb. 6).

Für die Saar wurde von uns ein Wirkungskataster mit limnischen Organismen aufgebaut (SCHÄFER und MÜLLER 1976). Zur gütemäßigen Bewertung der einzelnen Flußabschnitte werden in Boxen exponierte Organismen eingesetzt. Analog zum Immissionswirkungskataster von Nordrhein-Westfalen

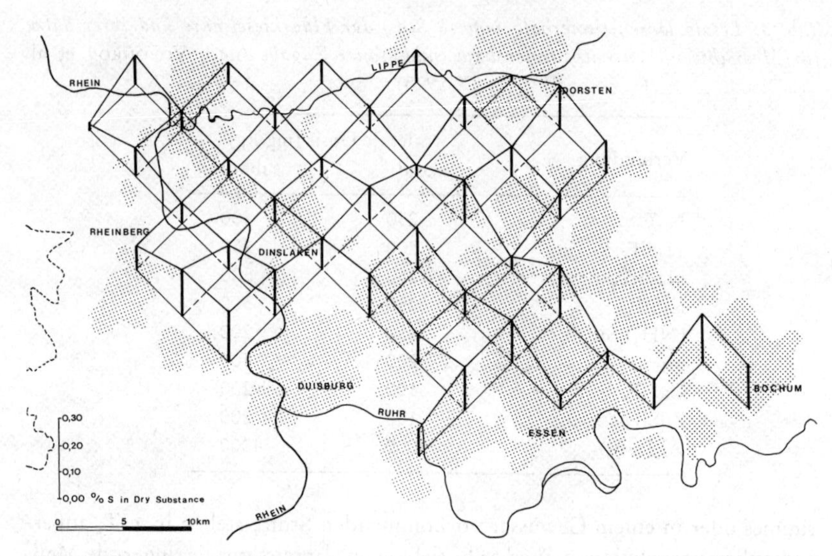

Abb. 6: Aufnahmeraten bzw. Gehalt an Schwefel in exponierten und standardisierten Lolium multiflorum. Immissions-Wirkungskataster von Nordrhein-Westfalen (aus MÜLLER 1975).

(SCHÖNBECK und VAN HAUT 1974, PRINZ 1975, MÜLLER 1975) erwarten wir von exponierten Organismen die Antwort auf 2 Fragen:

a) Wie reagieren exponierte Tiere in unterschiedlich belasteten Gewässerabschnitten? (Vitalitätstests; Untersuchungen zur unterschiedlichen Produktivität)
b) Welche Stoffe werden von den Organismen aufgenommen (evtl. auch in ihnen angereichert) bzw. führen zu diagnostizierbaren Wirkungen?

Für die Freilandtests werden verschiedene Boxentypen verwandt, die sich besonders durch ihre Volumina und ihre vom Außenmilieu unterschiedlich abweichenden Innenwerte (u. a. O_2) unterscheiden. Sie sind auf die biologischen Besonderheiten der Versuchstiere (Mollusken, Fische) abgestimmt. Ihre Exposition in den Fluß erfolgt nach einem festgelegten Muster an Expositionsstandorten mit vergleichbarem Wasserkörper und ähnlicher Strömungsgeschwindigkeit (Wehre, Schleusen, Pegelstationen; vgl. Abb. 7, 8, 9).

Das Expositionssystem hat neben seiner Indikatorbedeutung naturgemäß auch eine beweissichernde Funktion. Die seit 1974 erhaltenen Ergebnisse erlauben u. a. auch Rückschlüsse auf die Folgen der geplanten Saarkanalisation, da die qualitativen Unterschiede zwischen Benthal und Pelagial quantifiziert werden können. Für Mikroorganismen werden bereits seit längerer Zeit

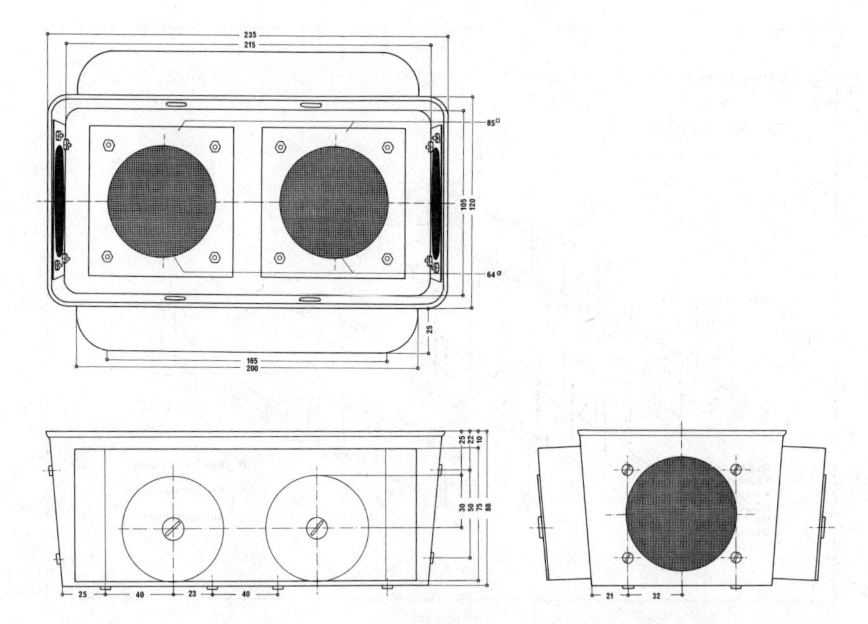

Abb. 7: Exponat-Box für den Einsatz von Mollusken und kleineren Fischen in Gewässer. Die in den Boxen lebenden Organismen können in regelmäßigen Abständen auf ihre Vitalität und Aufnahmerate für Schadstoffe getestet werden (aus MÜLLER 1975).

„Aufwuchsplatten“ benutzt, die im Wasser exponiert werden. In regelmäßigen Abständen wird ihre Besiedlungsdichte, -abfolge und Artenzusammensetzung kontrolliert (vgl. u. a. FRIEDRICH 1973).

3.3.3. Rückstandsanalysen in exponierten Organismen und Freilandpopulationen

Die Verweildauer exponierter Organismen ist mit der Schadstoffbelastung des Standortes eng verknüpft. Die Analyse der Inhaltsstoffe in den Exponaten erlaubt deshalb häufig Rückschlüsse auf die an einer Schadwirkung beteiligten Stoffe (SCHÖNBECK und VAN HAUT 1974). Der Transfer auf menschliche Populationen wird dadurch flächenbezogen möglich (u. a. HOWER et al. 1974). Auch ein Bezug zur „Belastung“ von Freilandpopulationen kann hergestellt werden. Dadurch bietet sich eine realistische Möglichkeit, auch die adaptiven Fähigkeiten lebendiger Systeme sinnvoll zu diskutieren (vgl. Tab. 4).

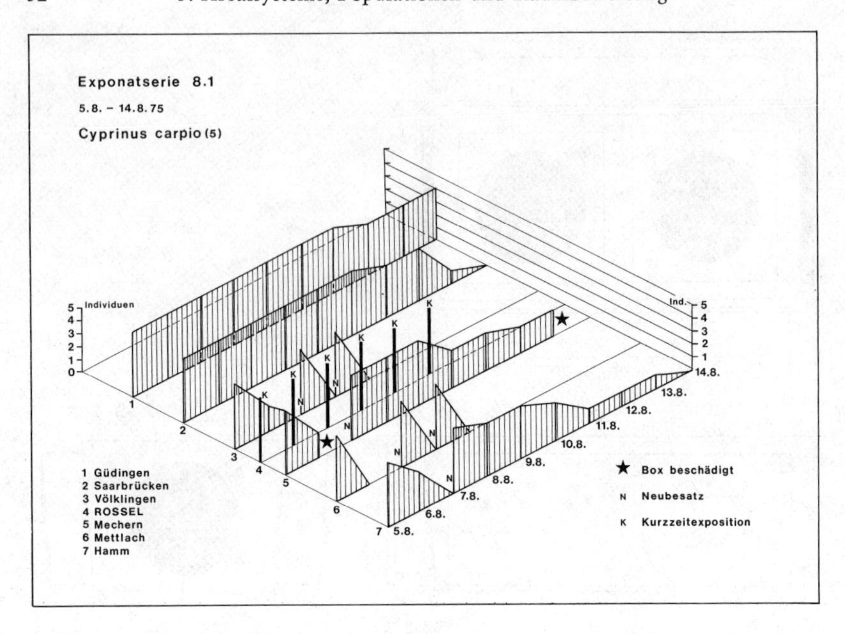

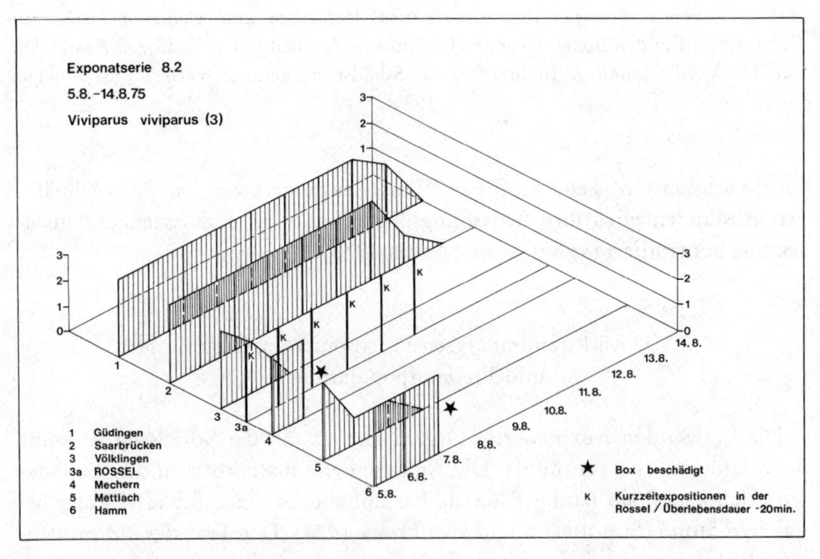

Abb. 8: Überlebensrate von in Boxen exponierten Mollusken und Pisces im August 1975 an 7 unterschiedlich belasteten Standorten in der Saar. An der Einleitungsstelle der Rossel in die Saar (Station 4 bzw. 3a) sterben die exponierten Organismen innerhalb von 20 Min. ab.

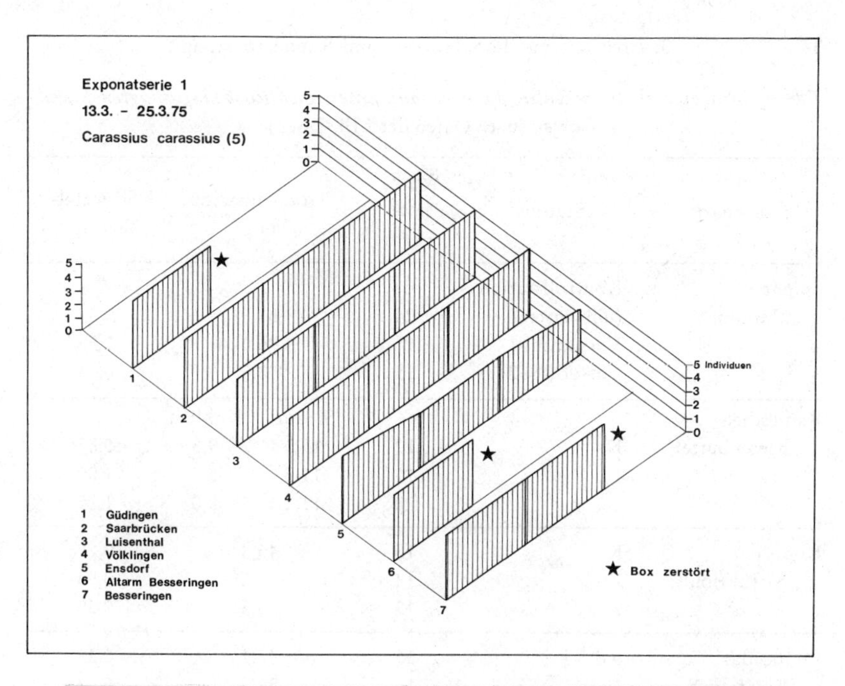

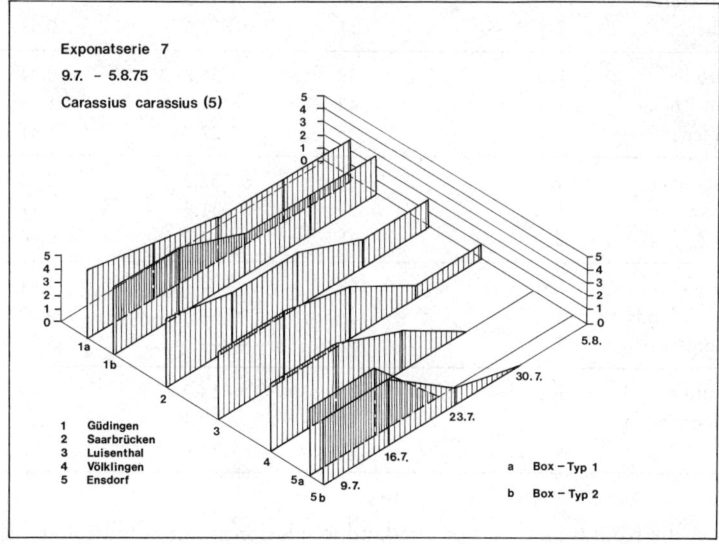

Abb. 9: Überlebensrate in Boxen exponierter Pisces in unterschiedlich belasteten Flußabschnitten der Saar im März und Juni 1975. Die Untersuchungen verdeutlichen, daß die Überlebensrate von der hydrographischen Situation (u. a. Größe des Wasserkörpers; Rhithral und Potamal) und der chemisch-physikalischen Belastung des Wasserkörpers bestimmt wird.

Tab. 4: Schwefelgehalt in Kulturpflanzen auf unterschiedlich beaufschlagten Standorten (nach Daten der LIB, Essen)

Pflanzenart	Station	Wuchshöhe in cm	Trockengewicht in g		Schwefelgehalt in %
Spinat	Kontrollstation				
„Matador"	(unbelastet)	24	58,9		0,38
	Versuchsfl. 1	18	46,6		0,56
	Versuchsfl. 2	15	40,5		0,54
Radieschen			Kraut	Knollen	
„Riesenbutter"	Ko	12	13,3	9,5	0,87
	1	11	11,2	8,7	1,00
	2	8	11,2	8,0	1,15
Kopfsalat	Ko	15	45,8		0,28
„Attraktion"	1	14	30,0		0,34
	2	13	23,5		0,39
Pflücksalat	Ko	15	47,1		0,23
„Australisch	1	16	38,2		0,47
gelber"	2	11	18,6		0,58
Saaterbsen	Ko	38	36,8		0,84
„Kl. Rhein-	1	42	44,3		1,29
länderin"	2	35	27,7		1,31
Buschbohnen	Ko	38	52,3		0,23
„Saxa"	1	37	31,9		0,47
	2	18	3,7		0,60
Tomaten	Ko	107	—		1,44
„Rheinlands	1	114	—		4,00
Ruhm"	2	96	—		3,50
Petersilie	Ko	18	14,9		0,29
„Mooskrause"	1	15	12,4		0,48
	2	15	11,7		0,80

Über die Kontamination von Freilandpopulationen mit Schadstoffen liegen zahlreiche Daten u. a. aus England (u. a. MOORE 1966, 1974, PRESTT und RATCLIFFE 1972), den Niederlanden (u. a. KOEMAN 1975) und Belgien vor (u. a. JOIRIS 1974). Bedeutsam sind dabei naturgemäß Untersuchungen über Summationsgifte, die sich in dem obersten Level von Nahrungspyramiden verstärkt anreichern (u. a. Greifvögel, Seevögel). Allerdings gibt es auf diesem Gebiet noch zahlreiche ungelöste Probleme. So ist noch immer die toxikologische Bewertung von Quecksilberkonzentrationen in marinen Säugern und Vögeln problematisch. Höchste Hg-Konzentrationen sind von Robben, Tümmlern und Delphinen bekannt (u. a. GERLACH 1975, KOEMAN 1975). Dagegen liegen gerade im Gewebe von Lummen und Alken bedeutend geringere Konzentrationen vor (vgl. Tab. 5).

Tab. 5: Ergebnisse von Rückstandsanalysen (chlorierte Kohlenwasserstoffe und Quecksilber) aus Geweben von Kormoranen (Phalacrocorax carbo; nach KOEMAN 1975)

Gewebe von tot gefundenen Vögeln	Rückstände in ppm (Feuchtgewicht)						
	Hexachlorobenzene HCB	DDE	PCB	Heptachloroepoxide	Dieldrin	Hg	MeHg
1. Leber	14	—	470	0,27	1,7	33	5,8
Gehirn	—	—	280	0,07	0,85	1,5	1,7
gesamter Körper	11	—	93	0,12	0,25	4,7	3,6
2. Leber	11	5,5	93	0,12	0,25	18	6,2
Gehirn	—	—	—	—	—	2,0	1,6
gesamter Körper	25	14	460	0,14	1,9	4,4	3,4
3. Leber	6,2	29	300	0,10	0,79	52	1,4
Gehirn	—	—	—	—	—	2,0	1,9
gesamter Körper	3,4	13	150	0,225	0,24	7,0	3,8
4. Leber	2,5	30	350	—	5,0	22	5,9
Gehirn	—	—	—	—	—	0,87	0,90
gesamter Körper	< 0,39	3,4	29	0,017	0,26	2,6	1,7
5. Leber	3,7	15	450	0,25	1,4	14	3,3
Gehirn	—	—	—	—	—	0,96	0,84
gesamter Körper	< 1,0	11	280	0,20	0,74	2,4	1,4
6. Leber	28	17	250	0,097	1,5	24	6,0
Gehirn	—	—	—	—	—	1,6	1,8
gesamter Körper	17	14	414	< 0,028	1,7	3,8	1,2

Auch von im Freiland gehaltenen Nutztieren und Kulturpflanzen liegen Daten vor (u. a. HAHN und AEHNELT 1972, HAPKE 1972, 1974, HAPKE und PRIGGE 1973).

Um z. B. den Bleigehalt in der Vegetation toxikologisch für Herbivore interpretieren zu können, hat HAPKE (1972) die tolerierbaren Bleimengen in Schafen festgelegt (vgl. auch WADA et al. 1969, HERNBERG et al. 1970, HAE-

GER-ARONSON 1960), wobei als Bewertungsmaß die Aminolävulinsäure-Dehydrase-Aktivität und die Ausscheidungsmenge von Koproporphyrin III verwandt wurde. Seine Ergebnisse lassen es wahrscheinlich erscheinen, daß über 15 ppm Blei in der Trockensubstanz der Futterpflanzen zu nachhaltigen Beeinträchtigungen von Schafen führen. Die Bleikonzentrationen in der Nähe von Autobahnen liegen im allgemeinen zwischen 50 und 100 ppm Blei/Trokkenmasse, weshalb ein Verfüttern der dort vorhandenen Gräser nicht vertretbar ist. Bleikonzentrationen von 100 ppm im Gesamtfutter führen zu verstärkten Störungen der Enzymaktivität, von 250 ppm nach mehr als 1 Woche auch zu klinischen Vergiftungserscheinungen. Mit der Messung der ALA-D-Aktivität im Blut läßt sich auch bei Tieren (außer beim Pferd) die Frühdiagnose einer Bleivergiftung zu einem Zeitpunkt stellen, wo klinische Erscheinungen noch nicht sichtbar sind (HAEGER-ARONSON 1960, WADA et al. 1969, HAPKE 1972, HAPKE und PRIGGE 1973). Die bisher von menschlichen Populationen aus Verdichtungsräumen vorliegenden Kontaminationsdaten (u. a. ROSMANITH et al. 1975, STÖFEN 1975) zeigen z. T. verblüffende Koinzidenzen zu den Untersuchungsergebnissen von Freilandpopulationen und von exponierten Organismen (u. a. HOWER et al. 1974).

Für die ökologische Bewertung aller Teillandschaften z. B. der Bundesrepublik Deutschland erscheint es uns deshalb zwingend erforderlich, die hier aufgezeigten drei Informationsebenen (Arealsysteme, Biozönosen und Organismen) durch flächendeckende Informationskataster zu erstellen. Die mühselige experimentelle Arbeit, die heute in den meisten ökologischen Laboratorien durchgeführt wird, hat für die biogeographische Planung nur Sinn, wenn sie räumliche Bezüge erhält.

Der Arbeits- und Geldaufwand, den die Errichtung der chorologischen, populationsgenetischen und ökologischen Informationskataster erfordern würde, liegt erheblich unter jenem für Immissions-Meßprogramme. Wenn wir von Belastung oder Belastbarkeit von lebendigen Systemen sprechen wollen, müssen wir uns diese Informationen nutzbar machen. Die adaptiven Fähigkeiten von Organismen, Biozönosen und Arealsystemen relativieren einzelne, bereits gesetzlich festgelegte Grenzwerte. Um zu einer gleichwertigen Behandlung aller Teilräume zu gelangen, braucht man deshalb Informations- und Überwachungssysteme, die alle Teilräume abdecken. Der Aufbau ökologischer Informationssysteme hinkt in der Bundesrepublik Deutschland erheblich hinter den sozialen und ökonomischen her. Deshalb sollten nicht nur von Ökologen und Biogeographen, sondern besonders von den für die Entwicklungsplanungen unserer Länder zuständigen Persönlichkeiten und Gremien Anstrengungen unternommen werden, um diese „Unterentwicklung" zu überwinden.

4. ÖKOSYSTEME UND RAUMBEWERTUNG

Arealsysteme und Populationen sind aufs engste verknüpft mit der ökologischen und genetischen Struktur der Geosphäre. Die Biogeographie muß deshalb Ökosystemforschung betreiben, um ihre Grundfragestellung befriedigend aufklären zu können. *Ökosysteme* sind räumliche Wirkungsgefüge aus biotischen (incl. Mensch) und abiotischen Elementen mit der Fähigkeit zur Selbstregulierung. Dieser Ökosystembegriff geht in seiner inhaltlichen Form auf WOLTERECK(1928) zurück.

Untersuchungen an pelagischen Cladoceren führten ihn zu „Morphologischen und ökologischen Gestaltsystemen als Ergebnis analytischer und synthetischer Forschung". Dieser „ökologische System-Begriff" wurde von TANSLEY (1935) auf die gegenwärtige terminologische Form „Ökosystem" gebracht. Durch das Ökosystem (mit Ausnahme der Schlüsselartenökosysteme) wird die Subjektbezogenheit des Umweltbegriffes aufgelöst und auf eine unterschiedlich große Zahl von Bestandteilen und Faktoren, deren Zusammenwirkung die Selbstregulation des Systems erhält, ersetzt.

Bei Schlüsselartenökosystemen entfällt aber keineswegs, wie SCHWABE (1973) postuliert, das „Dadraußen". Das wird vielleicht noch nicht besonders erkennbar, wenn wir als Schlüsselarten-Ökosysteme Biberseen (mit der Schlüsselart Biber), Ameisenhügel (mit der Schlüsselart Ameise), Nebkas (mit der Schlüsselart Tamariske) oder die Biozönosen in den Wassertrichtern der Bromeliaceen („Bromeliaceen-Faunula") und *Nepenthes*-Arten u. a. (vgl. VARGA 1928) betrachten. Es wird jedoch deutlich, wenn wir eine Industriestadt als Ökosystem zu analysieren versuchen.

In Urlandschaften, in denen der Mensch noch keine wesentlichen Eingriffe in das Landesgefüge vorgenommen hat, verläuft die hierarchische Ordnung und räumliche Begrenzung terrestrischer Ökosysteme im allgemeinen korreliert zur Gesamtheit der geosphärischen Wirklichkeit an einer Erdstelle (MÜLLER 1974).

Die weltweite Belastung der Geosphäre mit Kumulations-, Summations- und Konzentrationsgiften hat die traditionelle Trennung zwischen Natur- und Kulturlandschaften weitgehend hinfällig gemacht.

Gegenwärtig gibt es nur noch sekundäre Ökosysteme, mit allerdings unterschiedlichem Ausmaß anthropogener Beeinflussung. Der Mensch als entscheidende Schlüsselart hat seit dem Neolithikum Struktur, Dynamik und räumliche Verbreitung der Ökosysteme verändert. Ökosysteme müssen gegenwärtig keineswegs mit den Physiotopen einer Landschaft übereinstimmen.

Urbane Ökosysteme „sitzen" mit einer völlig neuen „Natürlichkeit" auf den ehemals naturnahen Systemen.

ELLENBERG (1973) hat eine Klassifikation der naturnahen Ökosysteme (1. Hauptgruppe) der Erde nach funktionalen Gesichtspunkten vorgelegt (für marine, limnische, terrestrische, semiterrestrische). Für die zweite Hauptgruppe der Ökosysteme, die als urban-industrielle Ökosysteme vom Menschen her betrachtet werden müssen, fehlte bisher zwar noch nicht der wissenschaftstheoretische Ansatz, aber eine konsequente Klassifikation (BECKMANN und KÜNZI 1975, RUBERTI und MOHLER 1975).

SUTTON und HARMON (1973) definieren ein "Human Ecosystem": "Indeed, man's interventions have created entirely new environments which we shall call human ecosystems" und unterscheiden "from a human point of view":

1. Mature Natural Ecosystems,
2. Managed Natural Ecosystems,
3. Productive Natural Ecosystems (farms, cattle, ranches, stripmined areas),
4. Urban Ecosystems.

Zu ähnlichen Gliederungsvorschlägen kommen DANSEREAU (1970), DETWYLER und MARCUS (1972), SMITH (1972), GREENWORD und EDWARDS (1973) und MÜLLER (1973, 1974).

4.1. Die Biosphäre

Die Biosphäre stellt den belebten Teil des ranghöchsten Ökosystems, der Geosphäre dar. Ihre wichtigste äußere Energiequelle ist die Sonne (vgl. Abb. 10). Die primäre Strahlung der Sonne (an der oberen Grenze der Atmosphäre 2 cal/cm²/min.; nach 1971 durchgeführten Messungen des Leningrader Forschers KONDRATYEV soll die Solarkonstante jedoch nur 1,94 cal/cm²/min. betragen), astronomische Verhältnisse (Erdbahn, Neigung der Erdachse, z. Z. 23,5°; Stellung zu den Nachbarplaneten u. a.), Topographie und die Verteilung von Land und Meer greifen tief ein in die klimatischen Prozesse (LOCKWOOD 1974). Diese steuern entscheidend die mosaikartige Anordnung ökologischer und genetischer Strukturen auf unserem Planeten (LIETH und WHITTAKER 1975). Ökologische Elemente mit unterschiedlicher Geschichte und damit oftmals auch abweichender genetischer Struktur werden von diesen Kräften zu groß- und kleinräumigen Systemen zusammengeführt. Die Biosphäre umzieht als Meer-, Süßwasser-, Land- und Lufthülle den Erdball als eine maximal 20 km breite Schicht (SUESS 1909). Die Erdrinde ist die Geburtsstätte der Biosphäre (SCHMITHÜSEN 1968, STUGREN 1974), die „Biogenosphäre" (ZABELIN 1959) oder die „Probiosphäre" (KOVALSKIJ 1963). Der belebte Anteil der Erdrinde beträgt nur 0,1 % (= 10^{14}—10^{15} t).

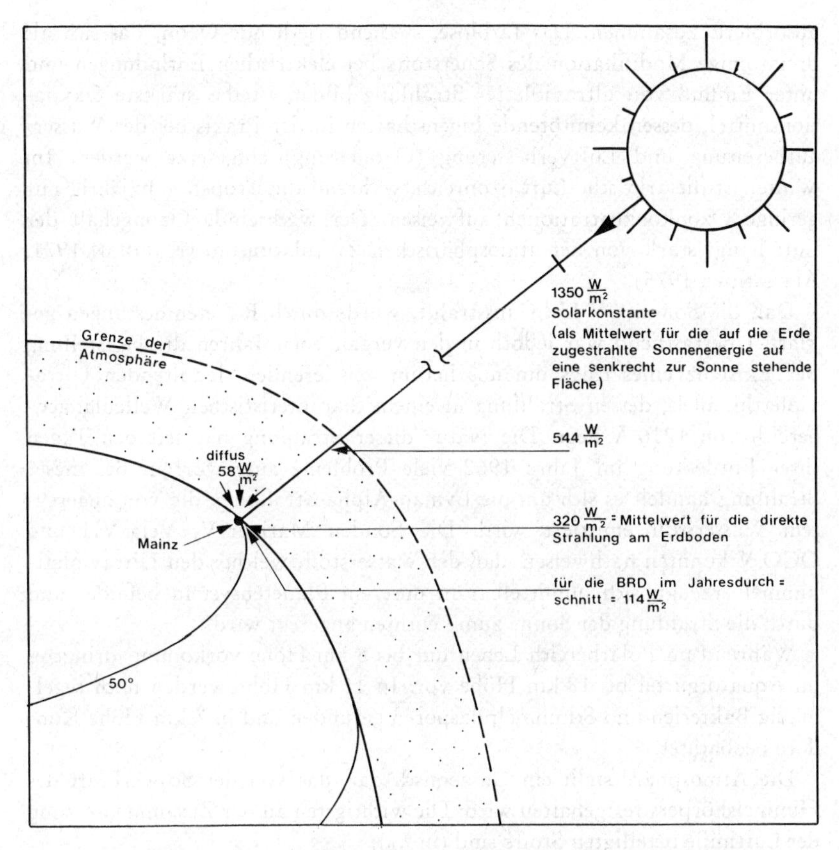

Abb. 10: Strahlungsbilanz der Biosphäre (nach BACH, BECK und GOETTLING 1973).
Strahlungsbilanz = Q_{SB} = (I+D) — E+G — R
I+D = Globalstrahlung
I = direkte Sonnenstrahlung
D = diffuse Himmelsstrahlung
E = Eigenabstrahlung der Oberfläche
G = atmosphärische Gegenstrahlung
R = von der Oberfläche reflektierte Strahlung

Bereits vor etwa 3,5 Mrd. Jahren existierten primitive Algen mit photosynthetischen Fähigkeiten auf unserem Planeten. Sie wurden in den ältesten Sedimentgesteinen der Erde, in den Hornsteinen der Onverwachtstufe im Kap-Vaal-Kraton gefunden. Demnach muß das Leben und damit die Biosphäre noch älter sein (MILLER und ORGEL 1974). Die Grenzen der Biosphäre werden von der ökologischen Valenz lebender Systeme bestimmt. Ihre obere Grenze fällt mit der Ozonschicht, die eine große Menge der UV-Strahlung absorbiert, zusammen. Das farblose, stechend riechende Ozon, das sich als dreiatomige Modifikation des Sauerstoffs bei elektrischen Entladungen und unter Einfluß von ultravioletter Strahlung bildet, ist das stärkste Oxydationsmittel, dessen keimtötende Eigenschaften in der Praxis bei der Wasseraufbereitung und Luftverbesserung (Ozonierung) eingesetzt werden. Im Winter ist die arktische Luft ozonreich, während die Tropen ganzjährig nur geringe Ozonkonzentrationen aufweisen. Der wechselnde Ozongehalt der Luft hängt stark von der atmosphärischen Zirkulation ab (Kargian 1971, Alexander 1975).

Daß die Sonne UV-Licht ausstrahlt, wurde durch Raketenmessungen geklärt. Überraschend war jedoch in den vergangenen Jahren die Feststellung der Existenz eines rings um uns herum existierenden, leuchtenden Ultraviolettthimmels, dessen Strahlung in einem charakteristischen Wellenlängenbereich von 1216 Å liegt. Die Natur dieser Strahlung hat seit den Tagen ihrer Entdeckung im Jahre 1962 viele Probleme aufgeworfen. Bei dieser Strahlung handelt es sich um die Lyman-Alpha-Strahlung, die von angeregtem Wasserstoff emittiert wird. Die Sonden Mariner V, Vela VII und OGO V konnten nachweisen, daß der Wasserstoff, welcher den Ultraviolettthimmel erzeugt, sich unmittelbar in unserem Planetensystem befindet und durch die Strahlung der Sonne zum Leuchten angeregt wird.

Während im Polarbereich Leben nur bis 8 km Höhe vorkommt, dringt es im Äquatorgürtel bis 18 km Höhe vor. In 11 km Höhe werden noch regelmäßig Bakterien und Schimmelpilzsporen gefunden und in 7 km Höhe Kondore beobachtet.

Die Atmosphäre stellt ein Gasgemisch dar, das von der Schwerkraft des Himmelskörpers festgehalten wird. Die wichtigsten an der Zusammensetzung der Lufthülle beteiligten Stoffe sind (in %):

Stickstoff	=	78,1
Sauerstoff	=	20,9[1]
Argon	=	0,934
Kohlendioxid	=	0,03[2]

[1] Nach Messungen des American National Bureaus of Standards ist der Sauerstoffgehalt der Atmosphäre seit 1910 im wesentlichen unverändert geblieben. Er variiert zwischen 20,945 und 20,952 %.

[2] Nach Forschungsergebnissen des Stanford Research Institute entstammen nur 1,3 % des CO_2 der Atmosphäre von durch den Menschen bedingten Verbrennungsprozessen. Seit der Jahrhundertwende steigt die CO_2-Konzentration um etwa 0,7 ppm/Jahr. Der Einfluß der CO_2-Konzentrationen auf das Klima ist weder für die paläoklimatische Entwicklung noch für unsere gegenwärtige Atmosphäre hinlänglich gesichert; vgl. u. a. Schwarzbach 1974, Lockwood 1974.

Wasserstoff = 0,01
Neon = 0,0018
Helium = 0,0005
Krypton = 0,0001
Xenon = 0,000009
Wasserdampf = wechselnd.

Die Atmosphäre gliedert sich auf in:
1. Troposphäre (bis 20 km stärkste horizontale + vertikale Durchmischung! Wasserdampf und damit Wettergeschehen! vgl. LOCKWOOD 1974). Unter bestimmten meteorologischen Bedingungen treten auch vertikal eng begrenzte Schichten auf, in denen die Temperatur mit wachsender Höhe zuanstatt abnimmt (Temperaturumkehr-Inversion);
2. Stratosphäre (+ 50 km; —50° bis —85° C an Basis);
3. Mesosphäre;
4. Ionosphäre;
5. Exosphäre.

Luftplanktonuntersuchungen zeigen, daß die Atmosphäre jedoch nicht in allen Bereichen von Leben erfüllt ist und daß die Artenzusammensetzung erheblich schwankt (vgl. MÜLLER 1977).

Das meiste Leben ist an Sauerstoff gebunden. Ein Leben ohne O_2 ist für manche Tiere und Pflanzen dadurch möglich, daß sie durch fermentative Zersetzung der reichlich verfügbaren Nahrung genügend Energiemengen freisetzen können.

Obligat anaerobe Bakterien sind verantwortlich für die Buttersäuregärung. Durch Spaltung des Zuckers wird die nach Schweiß riechende Buttersäure gebildet. Auch fakultativ anaerobe Organismen sind keine Seltenheit. Hierzu gehören zum Beispiel die Hefepilze *(Saccharomyces cerevisiae)*. Bei normaler O_2-Versorgung atmet die Hefe oxydativ und zeigt sehr starkes Wachstum (aerober Lebensmodus).

Bei Versorgung der Hefekultur mit Zucker stellt unter Sauerstoffabschluß die Hefe ihre aerobe Lebensweise ein. Der Zucker wird in einem komplizierten Dissimilationsprozeß der alkoholischen Gärung zu Äthylalkohol umgebaut:

$$C_6H_{12}O_6 \rightarrow 2CO_2 + 2CH_3{-}CH_2OH + 21 \text{ cal.}$$

Fakultativ anaerob sind auch die für die Milchsäuregärung verantwortlichen Milchsäurebakterien, die den in der Milch enthaltenen Zucker zu Milchsäure umbauen:

$$C_6H_{12}O_6 \rightarrow 2CH_3 - CHOH - COOH + 22 \text{ cal.}$$

In der Natur sind Milchsäurebakterien auf Grünfutter massenhaft vorhanden. Sie spielen auch bei der Herstellung des Sauerkrautes und bei der Sicherung des Grünfutters eine große Rolle. Die Entwicklung von Fäulnisbakterien wird durch die gebildete Milchsäure gehemmt.

Zahlreiche Organismen besitzen eine hohe Resistenz gegen Kohlendioxyd, Schwefelwasserstoff und Ammoniak (u. a. Fäulnisbewohner: Nematoden, gamasiforme Milben, Collembolen). Deutlichere limitierende Wirkung entfalten im Wasser gelöste Gase. Als Minimumfaktor wirkt Sauerstoff auch hier begrenzend, wobei sich die einzelnen Organismen allerdings unterschiedlich verhalten. Auf der abgestuften Fähigkeit, den verfügbaren Sauerstoff auszunutzen, baut das Saprobiensystem auf (vgl. Fließgewässer Ökosysteme).

Ähnlich wie die Atmosphäre ist auch die Hydrosphäre nicht gleichmäßig mit Leben erfüllt. In den Tiefen des Schwarzen Meeres und mancher durch eine Barre abgeschlossener norwegischer Fjorde hat die reichliche Entwicklung von H_2S das vorhandene O_2 gebunden, und in mittleren Tiefen der Tropenmeere, wo die Vertikalzirkulation sehr schwach ist, herrscht große Armut an O_2. Manche Süßwasserseen sind im Sommer in der Tiefe sauerstofffrei. In Flüssen wird unterhalb von großen Städten durch die Fäulnisvorgänge in den Abwässern das O_2 verbraucht.

Heterotrophe Lebewesen sind selbst am Boden der pazifischen Tiefseerinnen in mehr als 9000 m Tiefe gefunden worden. Der für die Lebensvorgänge wichtige Sauerstoff kann durch Diffusion oder Konvektion bis dorthin gelangen.

Die Lithosphäre ist im allgemeinen nur in der obersten Bodenschicht (= Pedosphäre) gleichmäßig von Leben erfüllt. Abgesehen von Höhlen und Erdöllagern ist die feste Erdoberfläche im allgemeinen nur bis 5 m Tiefe von Bodentieren belebt. In festem Gestein fehlt Leben. In Erdöllager dringen anaerobe Bakterien bis zu 4000 m ein. Regenwürmer wurden im südlichen Ural noch in 8 m (Kühnelt 1970), Termitengänge in den madegassischen Wäldern noch in 25 bis 50 m Tiefe gefunden.

Neben dem Sauerstoff ist ein weiterer wichtiger limitierender Faktor die Temperatur. Da sich der Ablauf physiologischer Prozesse aller Lebewesen nach der van t'Hoffschen Regel vollzieht, hat die Umgebungstemperatur eine hohe Bedeutung (Hardy 1972). Auf dem Festland treten regelmäßig Temperaturen zwischen + 59° und —87° auf (+ 59° Death Valley; — 87° Station Wostok in der Antarktis). Die Temperaturamplitude der Meere ist dagegen wesentlich geringer. Die Sommer- und Wintertemperaturen der Tropenmeere unterscheiden sich nur um 2,5°. Auf 75 % der gesamten Meeresfläche bleiben die Temperaturschwankungen unter 5°.

Die Reaktionsnorm gegen Temperaturveränderungen ist für poikilotherme und homöotherme Organismen von unterschiedlicher Bedeutung (Precht, Christophersen, Hensel und Larcher 1973, Tuxen 1944). Als untere

Temperaturgrenze für poikilotherme Tiere können die in der Tiefsee gemessenen Temperaturen zwischen 0° C und — 2,5° C gelten, doch ist die Mehrzahl der Organismen bei so niedrigen Dauertemperaturen nicht lebensfähig. Im Tiefenwasser der Hudsonbai, das sich im Sommer nicht über 1,8° C erwärmt, leben keine Fische. Wie fein eine Temperaturadaptation physiologisch geregelt sein kann, zeigt die Muschel *Pecten groenlandicus.* Sie lebt in 25 m Meerestiefe vor der Küste Grönlands. Die von ihr bewohnten Wasserschichten sind relativ nahrungsarm, und deshalb versucht sie, höhere Wasserschichten zu erreichen. Sobald sie jedoch die 0°-Linie überschwimmt, steigt der Stoffwechsel (gemessen am Sauerstoffverbrauch) so stark an, daß die Art ihren Nahrungsbedarf dennoch nicht decken kann. Stoffwechselphysiologisch ist sie gezwungen, sich unmittelbar an der Grenze von nahrungsreicher Oberflächenschicht und kalter Tiefenschicht aufzuhalten. Ähnliche Anpassungen liegen auch bei terrestrischen Tierarten vor. Die Schneefauna kann auf Schnee oder Eis als Substrat leben und ernährt sich hauptsächlich aus angewehten organischen Resten, dem Kryokonit. Zur Schneefauna gehören die ganzjährig aktiven Gletscherflöhe (Urinsekten der Ordnung Collembola), die in den Alpen durch Arten der Gattung *Isotoma* vertreten sind, die unter dem Neuschnee auf der Oberfläche des Altschnees überwintern und sich von Coniferennadeln ernähren. Geringe Wärmeleitfähigkeit und Temperatur, starke Strahlenreflexion und geringe Speicherung der Tageswärme sind die ökologischen Bedingungen in den Schneegebieten, an die die Schneefauna und -flora adaptiert sein muß (FRANZ 1969, KÜHNELT 1969 u. a.). Kennzeichnend für die Schnee- und Eisgebiete der Antarktis, der Arktis und des Oreals der Hochgebirge sind mehrere Diatomeen-, Desmidiaceen-, Chloro- und Cyanophyceenarten, die als „Schneealgen" bezeichnet werden. Diese können so zahlreich auftreten, daß durch ihre roten oder violetten Farbstoffe der Schnee rot erscheint und sie als „Blutschnee" weithin sichtbar sind. Ein Extremfall ist die Alge *Haematococcus nivalis,* die den Firn der Alpen und Polargegenden rot färbt, eine Temperatur um 0° zum Gedeihen benötigt und oberhalb + 4° ihr Wachstum einstellt. Für die meisten Pflanzen ist die Frostgrenze von größter vegetationsgeographischer Bedeutung. Homöotherme Tiere können bei noch tieferen Temperaturen leben. DÖRRE (1926) berichtet von einem Nest einer Hausmaus mit sieben lebenden Jungen in der Nähe einer Kühlleitung einer Berliner Fabrik mit — 11° bis — 12° Dauertemperatur. In den Kühlhäusern der Stadt Hamburg lebten Mäuse von gefrorenem Speck und legten bei — 6° ihre Nester im Gefrierfleisch an (MOHR und DUNKER 1930).

Ähnlich wie die untere Temperaturgrenze ist auch die obere von entscheidender Bedeutung. In heißen Quellen lebt der Rhizopode *Hyalodiscus* bei 54° C (BRUES 1928). Die Wasserschnecke *Bithynia therminalis* kommt in den Thermen bei Rom in 53° warmem Wasser vor. Der Kleinkrebs *Cypris balnearia* und die Zuckmücke *Dasyhelea terna* ertragen noch 51° C. In heißen

Quellen lebt der blaugrüne *Synechococcus lividus* noch bei 74° C (Peary und Castenholz 1964), und in fast 90° heißen Quellen kommen noch Cyanophyceen und Bakterien vor (Njogu und Kinoti 1971). Pilzsporen und Mikroben hat man Temperaturen von + 140 bis 180° C ausgesetzt, ohne daß sie ihre Lebensfähigkeit einbüßten (Schmidt 1969, Brock 1967, Edwards und Garrod 1972, Ziegler 1969, 1974). Saussure fand Aale im Becken von Aix bei 46°, und *Leuciscus thermalis* soll in Quellen von Trincomalee bei 50° leben (zit. nach Hesse 1924). Eine endemische Population der Rotfeder, die Rasse *Scardinius erythrophthalmus racovitzai*, kommt in 28—34° warmen Quellen von Baile Epicopesti (ehem. Bischofsbad) bei Großwardein in Westrumänien vor. Temperaturen unter 20° sind für Tiere der Population tödlich. In 42° warmen ostafrikanischen Quellen laicht die Stechmücke *Culex tenaguis*. Bei 39° Wassertemperaturen wurden in Tansania Fische der Art *Tilapia grahami* gefunden (Beadle 1974). Die Amphibien *Hyla raniceps, Bufo paracnemis, Leptodactylus ocellatus, Leptodactylus pentadactylus* und *Pseudis bolbodactyla* laichen in 38° warmen Quellen und Bächen in der Umgebung von Pousada do Rio Quente (Goias, Brasilien; Müller 1977).

Verschiedene Dauerstadien von Pflanzen und Tieren besitzen jedoch eine Widerstandsfähigkeit gegen Kälte und Hitze, die größer ist und wesentlich die Temperaturschwankungen übertrifft, die in der Gegenwart im irdischen Klima auftreten. Tönnchen des weltweit verbreiteten Bärtierchens, *Macrobiotus hufelandii* (Tardigrada) leben in Wasser wieder auf, wenn sie zuvor 20 Monate in flüssiger Luft, 8½ Stunden in flüssigem Helium oder 60 Tage lang im Exsikkator bei 8 % Luftfeuchtigkeit gehalten wurden.

Die afrikanische Zuckmückenart *Polypedilum vanderplanki* konnte unter experimentellen Bedingungen nach Austrocknung eine Erwärmung von + 100° C und eine Abkühlung auf — 196° C überleben. Auch Bakterien konnten in flüssiger Luft bei — 190° C bis zu einem halben Jahr kultiviert werden (Schmidt 1969).

Substrate mit extremer chemischer Zusammensetzung sind in die Biosphäre als abiotische Enklaven eingeschlossen. Auffallend ist jedoch, daß durch Spezialanpassungen auch solche Gebiete von einzelnen Arten erobert werden können. Die Ephydride *Psilopa petrolei* bewohnt z. B. Erdöltümpel. Diese „Petroleumfliege" ist auf in die Tümpel gefallene Tiere und deren Reste angewiesen. Fumarolen, wo der Erde reichlich CO_2 entströmt, das durch seine größere Dichte die atmosphärische Luft am Boden verdrängt (z. B. in der Grotta del Cane bei Pozzuoli), sind dem Leben verschlossen. An den Mofetten am Ostufer des Laacher Sees (Eifel) findet man nicht selten die Leichen kleiner Vögel und Säuger (Finken, Mäuse), die bei der Nahrungssuche in die CO_2-Atmosphäre hineingeraten und verendet sind. Die limitierende Wirkung und Bedeutung des pH-Wertes auf verschiedene Organismen wurde von BROCK (1969) und EDWARDS und GARROD (1972) ausführlich diskutiert.

Zusammenfassend läßt sich sagen, daß die Biosphäre, von abiotischen Enklaven (u. a. Vulkane, Eis, abiotische Bereiche am Grunde von See- und Meeresbecken, extreme pH-Bedingungen) abgesehen, die in Einzelgewässer gegliederte Hydrosphäre, eine verhältnismäßig dünne Schicht der Lithosphäre (Ausnahmen Höhlen, Erdöllager), die Pedosphäre und die unterste Schicht der Atmosphäre umfaßt. Die Biosphäre besitzt eine charakteristische ökologische und genetische Struktur. Jede Population und damit auch jedes räumliche System steht in wechselseitiger Beziehung zu diesen Strukturen. Um die Funktionen von Öko- und Arealsystemen verstehen zu können, ist deshalb nicht nur die Kenntnis ihrer eigenen Struktur notwendig, sondern ebenso die Kenntnis der Strukturen der Biosphäre. Hierzu gehören auf regionaler Ebene die Biome (Makroökosysteme), in die kleinere Ökosysteme eingeschachtelt sind.

Im folgenden sollen nur die urbanen, die Fließwasser- und die Stillwasser-(Seen-) Ökosysteme besprochen werden, da sich allgemeine biogeographische und ökologische Fragestellungen durch ihre Behandlung verdeutlichen lassen.

4.2. Urbane Ökosysteme

Eine Stadt ist kein selbständiges, geschlossenes System. Ihre sozialen, ökonomischen und ökologischen Verflechtungen gehen weit über die Bebauungsgrenzen hinaus. Versuchen wir deshalb eine Stadt als Ökosystem zu definieren, muß man sich dieser überregionalen Austauschvorgänge bewußt bleiben (In- und Output-Beziehungen). Prinzipiell gilt diese Aussage auch für andere Ökosysteme. Der Steuermechanismus in einer Stadt ist jedoch ein anderer (vgl. Abb. 11). Deshalb werden manche Autoren (u. a. HENSELMANN 1974) allein schon in der Tatsache, daß wir eine Stadt als Ökosystem formulieren, eine unzulässige Ausweitung des Ökosystembegriffes sehen. Sie argumentieren damit, daß die Informationsprozesse in der Gesellschaft ihrer Natur nach sozial und damit untrennbar verbunden sind mit der gesellschaftlichen Produktion, „mit dem Typ der gesellschaftlich-ökonomischen Formation". Dabei wird übersehen, daß im Schlüsselarten-Ökosystem Stadt als Objekt und Subjekt der Steuerung immer der Mensch auftritt, der nach „seinem" Willen Entscheidungen treffen kann, die Entscheidungsqualität jedoch durch ihre Wirkung auf die Funktionsfähigkeit des gesamten Systems gewichtet wird. Die Funktionsfähigkeit eines Systems ist nicht subjektiv bestimmbar, sondern folgt naturgesetzlichen Prozessen, mögen auch viele nichtnaturgesetzliche Prozesse in ihm ablaufen (FORRESTER 1971, 1972, HELLY 1975, SCHÖNEBECK 1975, WHITTICK 1974).

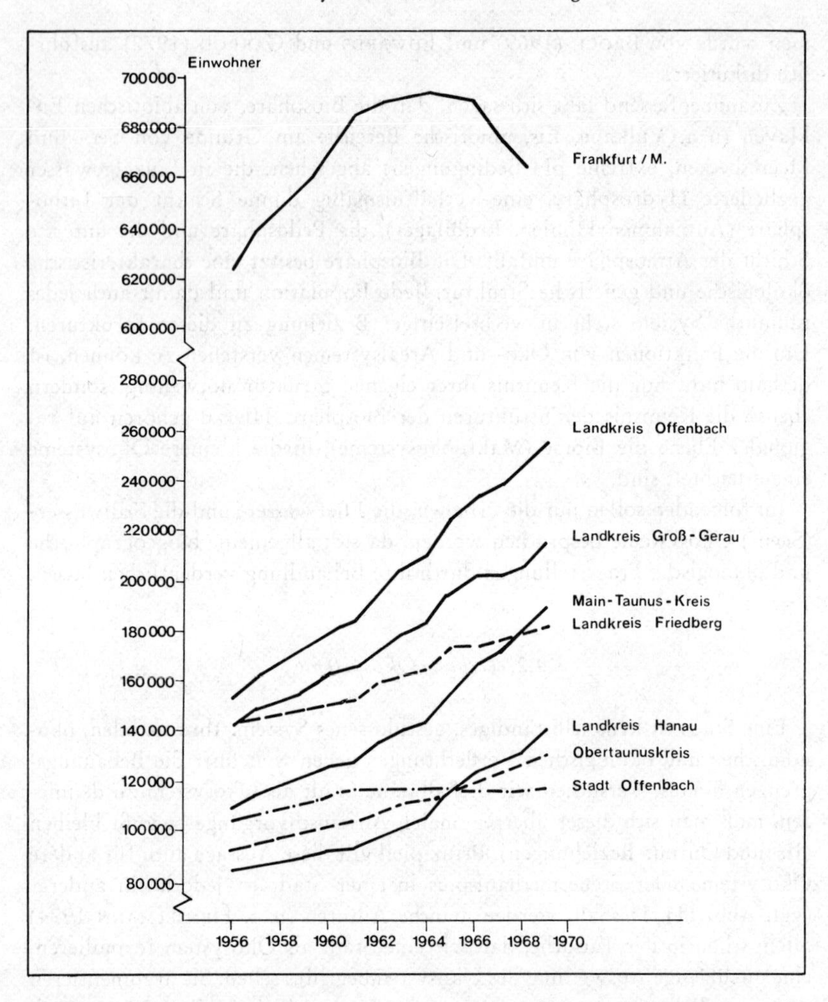

Abb. 11: Einwohner-Entwicklung im Großraum Frankfurt und den angrenzenden Gemeinden als Indikator für die Verschiebung der Wohnort-Verhältnisse in einem Verdichtungsraum.

Urbane Ökosysteme stellen eine wichtige Gruppe der "man-made-ecosystems" dar, zu denen u. a. auch agrarische Ökosysteme gerechnet werden können. Gehen wir von der hypothetischen Voraussetzung aus, daß der Mensch in der Lage wäre, aufgrund seiner technologischen Fähigkeiten die Rolle der Primärproduzenten, Konsumenten und Destruenten — aufbauend auf fossiler Energie — gleichermaßen zu beherrschen, könnte er seine Städte (zumindest von technologischer Seite) selbstregulierend erhalten. Dieser

Selbstregulationsforderung wird der Mensch als entscheidende Schlüsselart jedoch weltweit nicht gerecht. Daraus resultiert Belastung der naturnahen und der urbanen Ökosysteme.

4.2.1. Geschichte der Städte

Die Stadt ist seit jeher Träger von Wirtschaft, Politik, Wissenschaft und Kultur gewesen. In den sumerischen Städten Ur, Ninive und Babylon machten Menschen den Schritt von den Bedingungen des vorgeschichtlichen Lebens zur Zivilisation der urbanen Gemeinschaften. Dies war ein so überwältigender Schritt, daß in der folgenden Geschichte nur die Veränderungen durch die Industrialisierung und die technischen Revolutionen der modernen Zeit vergleichbar sind. Menschen am Indus zeigten in den Städten Harappa und Mohenjo-Daro vor 5000 Jahren, daß sie in der Lage waren, menschliches Zusammenleben in großem Maßstab zu organisieren. Die berühmten Inkastädte, z. B. Machu Pichu in den Anden bei Cusco, verdeutlichen ähnliches. Der Zerfall der Städte, das Verlassen ursprünglicher Ordnungsprinzipien signalisiert kulturellen Niedergang, indiziert grundlegenden Wandel.

Die geschichtliche Entwicklung und funktionale Verflechtung der Städte während ihrer Gründungszeit wirkt durch oftmals verblüffende Grundrißkonstanz bis in die Gegenwart nach und erschwert nicht selten ein ihren gegenwärtigen Funktionen gerecht werdendes Planungskonzept. Die Stadtpläne von Köln und Trier verraten noch das Grundrißprinzip der alten Römerstädte. Die Grundrisse der aus Marktorten entstandenen Städte, wie Tübingen oder Ulm, unterscheiden sich deutlich von den Gründungsstädten des Hochadels (vom 12.—13. Jh.), den Planstädten des Absolutismus (u. a. Karlsruhe, Mannheim) oder den Städten, die im Gefolge der Industrialisierung aus Gemeindezusammenschlüssen entstanden (u. a. Wolfsburg, Leverkusen, Cuxhaven).

Entscheidend wurde und wird die Entwicklung der Städte durch den Verkehr bestimmt. Das Verkehrsnetz einer heutigen Großstadt ist ein äußerst verwickeltes Gebilde, das harten finanziellen und technischen Bedingungen unterliegt, die nur in längeren Zeiträumen verändert werden können (LEIBBRAND 1971). Die städtebaulichen Wirkungen, die z. B. die Eisenbahn in eineinhalb Jahrhunderten ausgeübt hat, stehen unbestreitbar fest. Die Auswirkungen des Kraftverkehrs auf den Städtebau lassen sich mit großer Zuverlässigkeit abschätzen (MÄCKE und HENSEL 1975, CLAIRE 1973).

Das Gefüge der Städte verändert sich im Verlauf ihrer Geschichte mit dem Bedeutungswandel ihrer zentralörtlich-funktionalen Beziehungen, der langfristigen Klimageschichte und dem Wandel anderer ökologischer Faktoren (vgl. u. a. den Einfluß des Klimas auf die Architektur; den Einfluß der Malaria auf die Anlage Roms; den Verlauf der Cholera-Epidemie von 1892 in Hamburg und Altona). Gleiches gilt auch für ihre sozialen Strukturen.

4.2.2. Soziale Struktur der Städte

Stadtflucht ist nur ein Indikator dafür, daß viele Städte ihrem umfassenden funktionalen Anspruch nicht mehr gerecht werden. Die am stärksten belasteten Gebiete innerhalb der Industriestädte werden heute überwiegend von Menschen bewohnt, die aufgrund ihrer wirtschaftlichen Lage und/oder ihrer Hautfarbe sich nicht ihren wohlhabenderen Nachbarn auf der Flucht in die Vorstadt anschließen können. Die „Armut" zeigt ein spezifisches Verbreitungsmuster. Bullamore (1974) hat das z. B. für die "Metropolitan Area" von Indianapolis herausgearbeitet (vgl. Abb. 12). Aber wir kennen es unter dem Schlagwort „Stadtsanierung" aus zahlreichen anderen Städten. Eine Stadt ist deshalb nicht nur eine räumliche Konzentration von Wohn und Arbeitsstätten und Menschen mit vorwiegend tertiär- und sekundärwirtschaftlicher Bedeutung, mit innerer Differenzierung, vielfältigen Verkehrsströmen zwischen ihren Teilräumen und einem Dienstleistungssystem, das über den eigentlichen Stadtbezirk hin ausstrahlt, sondern sie ist zugleich der sozioökonomische und kulturelle Spiegel eines Landes.

4.2.3. Ökologische Struktur der Städte

Urbane Ökosysteme besitzen eine spezifische Struktur, die als Ergebnis von Wechselwirkungen zwischen menschlicher Planung und natürlichen Raumfaktoren zustande kommt. Historische Entwicklung und geographische Lage beeinflussen diese Struktur. Die Belastbarkeit von urbanen Ökosystemen richtet sich damit nach dem gruppenspezifischen Verhalten ihrer Bewohner (Produktionsziele, Konsumgewohnheiten), dem synergetischen Zusammenspiel aller Raumfaktoren und der Fähigkeit von mosaikartig den Bebauungsraum durchsetzenden naturnahen Systemen (u. a. Grünflächen, Seen) und Organismen, die vorhandene Belastung zu ertragen und gegebenenfalls zu reduzieren. In Städten mit Flußterrassen- und Kessellagen (u. a. Donora südlich von Pittsburgh, Zürich, Stuttgart, Saarbrücken) wird sich z. B. eine lokale Immissionsbelastung meist anders auswirken als in Küstenstädten oder in Städten am Fuße von Gebirgen.

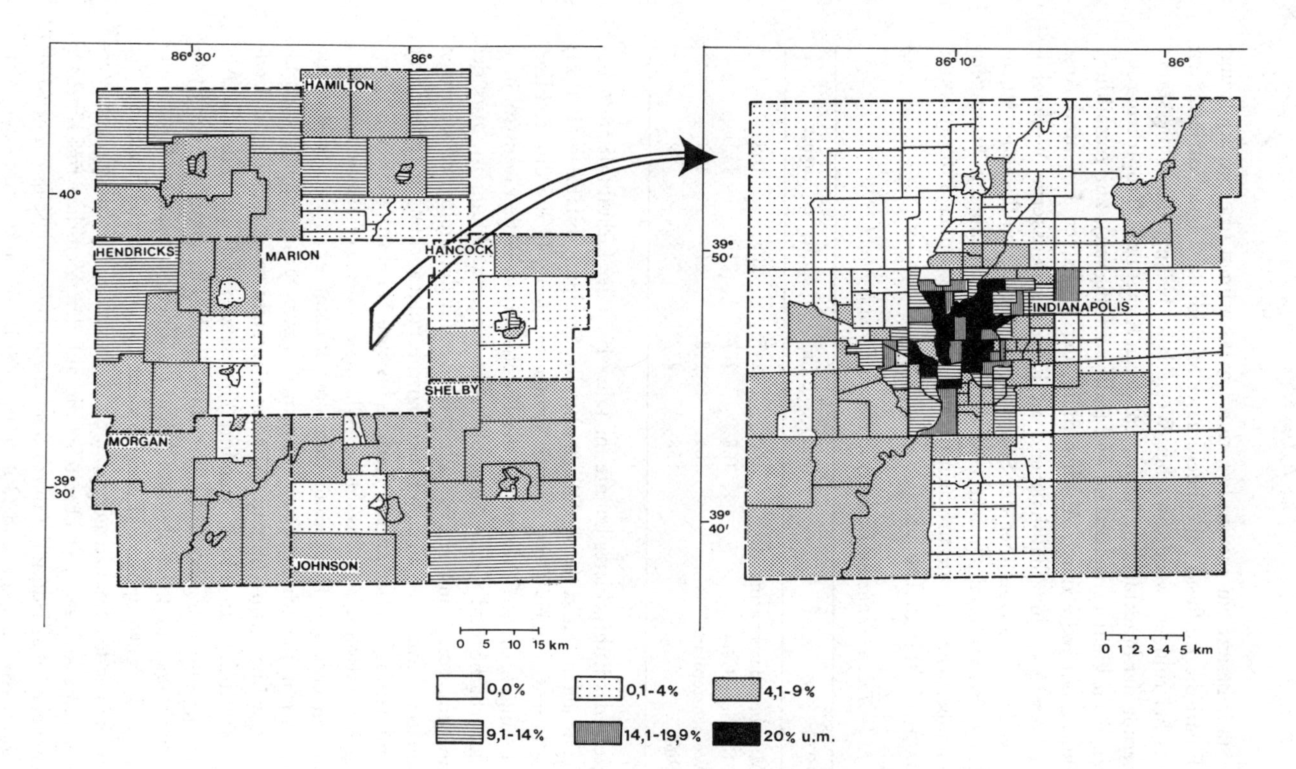

Abb. 12: Die Verbreitung der „Armut“ im Großraum Indianapolis (nach BULLAMORE 1974). Durch unterschiedliche Schraffur wurden Armutindizies verdeutlicht (% der Sozialhilfeempfänger).

4.2.3.1. Das Klima

Jede Stadt besitzt ein spezifisches, durch makroklimatische Situation und mikroklimatische Einflüsse gekennzeichnetes Mesoklima. In Industriestädten kommt es bei ruhiger, windschwacher Wetterlage, bedingt durch die starke Anreicherung der Stadtluft mit Aerosolen, deren Korn- bzw. Tröpfchengröße im allgemeinen kleiner als 10^{-3} mm ist (Schwebefähigkeit), zur Ausbildung einer Dunstglocke, die durch Abschwächung der effektiven Ein- und Ausstrahlung den Strahlungshaushalt und als Kondensationskerne Wolkenbildung bzw. Niederschläge über der Stadt entscheidend beeinflussen. Sonnenscheindauer, Besonnungsintensität und damit die Ortshelligkeit verringern sich vom außerurbanen zum urbanen Bereich (u. a. CHANDLER 1965, JENKINS 1969, BACH 1969) (vgl. Tab. 6).

Tab. 6: Sonnenscheindauer in München und Umland 1970

1970	Mai	Juni	Juli	August
München-Bavariaring	140	247	205	169
München-Riem	168	277	219	183
Weihenstephan	164	258	219	180
Puch	158	272	212	199

Im Kern des Ruhrgebietes konnte im Jahre 1970 der Lichtabfall 50 % betragen. Für jeden Punkt der Erdoberfläche gilt: Strahlungsbilanz = (I + H) — R — E + G, wobei I die direkte Sonnenstrahlung, H die diffuse Himmelsstrahlung, R die Reflexstrahlung der Erdoberfläche, E die Eigenstrahlung der Erdoberfläche und G die atmosphärische Gegenstrahlung ist. Aus der Verminderung von I und H (vor allem im Bereich des biologisch wichtigen ultravioletten Lichtes) ergeben sich ökologische Folgewirkungen (pflanzliche Ertragsminderung, Auftreten von Rachitis bis zum 3. Lebensjahr u. a.).

Durch Reduktion der Ausstrahlung (Glashaus- oder Treibhauseffekt) und anthropogen erzeugte Energie am Standort kommt es in den Städten im außertropischen Bereich zu einer deutlichen Temperaturerhöhung (0,5 bis 1,7° C) gegenüber dem Umland. Abwärme entsteht zwangsläufig als Endprodukt sämtlicher an einem Standort eingesetzter Energie. Für die Abwärmemenge sind maßgebend die Wirkungs- und Nutzungsgrade der Energieumwandlungen und die absolute Höhe des Energieumsatzes. Global gesehen liegt die anthropogene Energieproduktion im Vergleich zur an der Erde ankommenden Sonnenenergie unter 1 Promille, auf Städte und Verdichtungsräume konzentriert übersteigt die auf den Menschen rückführbare Wärmeabgabe lokal jedoch die durch Sonnenenergie erzeugte in einigen Fällen erheblich (BACH, BECK und GOETTLING 1973). Bei austauscharmen Wetterlagen (Hochdruck, Strahlungswetter) sind thermale Differenzierungen in den Städten meist deutlicher ausgeprägt als bei austauschreichen. Die Zahl der Frosttage sinkt im allgemeinen mit zunehmender Bebauungsdichte. In der City von London treten im Vergleich zum Umland 25 % weniger Bodenfröste auf (CHANDLER 1970).

Der „Hitzeinseleffekt" kann durch Tallage, Straßensystem, Baukörper und Bebauung verstärkt, durch Grünflächen und Wasserflächen modifiziert bzw. reduziert werden. Dabei machen sich naturgemäß auch Expositionsunterschiede deutlich bemerkbar. Asphaltierte Straßen besitzen im allgemeinen die höchsten, Fließgewässer, soweit sie nicht durch Wärmeeinleiter (Kraftwerke u. a.) vorbelastet sind (vgl. Fließwasser-Ökosysteme), frisches Grünland, vegetationsloser Boden und Hausdächer die niedrigsten Oberflächentemperaturen.

Bei Strahlungswetter kann sich, bedingt durch aufsteigende Warmluft, über der Stadt ein Tief bilden, das von den Seiten her aufgefüllt wird. Dieser Vorgang kann als Transportmechanismus für Immissionen zum Bebauungszentrum wirksam werden. Bei Inversionswetterlagen kann es, wenn die Inversionsdecke durch vom Stadtkern aufsteigende Warmluft nicht durchbrochen wird, zu einem Temperaturstau mit einer Reduktion der normalen Tagesgangamplitude kommen (vgl. Abb. 13). Die hohen Temperaturen zu allen Tagesstunden und die relativ hohen Nachttemperaturen wirken sich in vielfältiger Weise ökologisch aus. Frühere Aufblühtermine und das Auftreten von wärmeliebenden, im Umland fehlenden, häufig eingeschleppten Tier- und Pflanzenarten sind nur einige Indikatoren hierfür.

Die Stadt ist im allgemeinen trockener als ihre Umgebung. Zum Teil ist diese Tatsache, ähnlich wie das Absinken des Grundwasserspiegels, auf die rasche Ableitung der Niederschläge zurückzuführen, doch steht sie naturgemäß mit der Temperatur, mit Windrichtung, Windgeschwindigkeit, Evaporation und gezielten Entnahmen (Bohrungen u. a.) in engem Zusammenhang. Mit steigender Temperatur sinkt einerseits die relative Luftfeuchtigkeit, was bei heißen Tagen zur Ausbildung eines künstlichen Wüstenklimas ($\approx$ 40 % relative Feuchte) führen kann, andererseits steigt die Kapazität zur Aufnahme von Wasserdampf, was besonders dort den Dampfdruck ansteigen läßt, wo zur Wasserdampfabgabe geeignete Wasserflächen in der Nähe von Hitzeinseln liegen. An das Ansteigen des Dampfdruckes ist das Luftschwüleempfinden gekoppelt (ERIKSEN 1975).

Dichtbebaute Geschäftsviertel und Altwohngebiete mit größter Überwärmung weisen oftmals Spitzenwerte des Schwülemaßes auf (ACKERMAN 1971, ERIKSEN 1971).

Trotz geringer Luftfeuchtigkeit kann es, bedingt durch erhöhte Zahl von Kondensationskernen, zu vermehrten Nebel- und Wolkenbildungen kommen.

Mit einer signifikanten Erhöhung (5—16 %) der Niederschläge ist in den

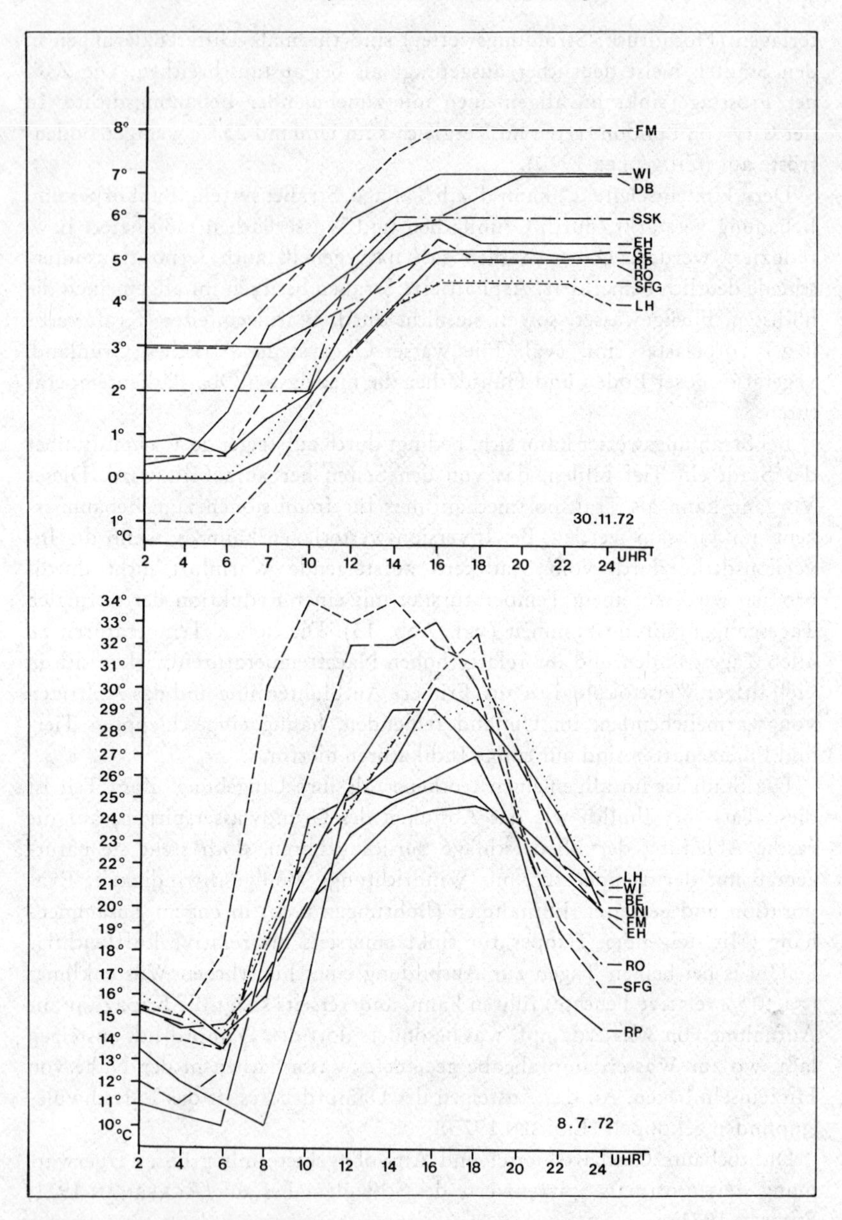

Abb. 13: Verlauf der Tages-Lufttemperaturen an 10 bzw. 9 verschiedenen Standorten im Stadtgebiet von Saarbrücken (30. 11. 72 = Inversionswetter; 8. 7. 72 = Strahlungstag; nach Untersuchungen von BECK, Biogeographie, Saarbrücken).

Stadt	schwüle Tage/Jahr
	1947—1951
Bonn	35
Aachen	18
Hamburg	14

Städten zu rechnen (Chikago 5 %, St. Louis 7 %, Kiel 10 %, Moskau 11 %, Bremen 16 %). Das Maximum der Niederschläge fällt meist auf der Leeseite des Stadtzentrums. Die Erhöhung der Niederschläge geht auf eine Vermehrung der Niederschläge in der kälteren Jahreshälfte zurück. Dennoch üben Städte, vor allem im Sommer, eine große Anziehungskraft auf kurze und heftige Gewitter mit Starkregen aus, die schwierige Probleme für die Stadtentwässerung erzeugen. 1893 bis 1907 registrierte München 756 Gewitter, während das nur 25 km westlich gelegene Maisach nur 303 Gewitter verzeichnete. Chikago meldete 13 %, St. Louis 21 % sommerliche Gewittertage mehr gegenüber dem Umland.

Eine Analyse der Wandergeschwindigkeit von Regenfronten mit Gewitterneigung ergab eine beträchtliche retardierende Wirkung durch Verdichtungsräume. In La Porte im Lee des Schwerindustriekomplexes von Chicago-Gary treten im Sommer durchschnittlich 30 % mehr Niederschläge und 63 % mehr Gewittertage auf als im Umland (Changnon 1970). Der Einfluß der Schwerindustrie kommt hierbei ebenso zum Tragen wie in Paris, wo an Werktagen bis zu 45 % mehr Niederschläge fallen als an arbeitsfreien Tagen. Der Einfluß der Bebauung auf den Wasserabfluß läßt sich in allen Städten und Gemeinden verfolgen. Als Beispiel kann Berlin oder das Schwippetal mit den Gemarkungen der Städte Böblingen und Sindelfingen sowie der Gemeinde Maichingen erwähnt werden, die zusammen etwa 50 km² des Einzugsgebietes (106 km²) der Schwippe bedecken. Vor 30 Jahren waren erst 4 km² locker bebaut; heute sind es 12 km², und 1985 werden es voraussichtlich 20 km² sein. Für ein unbebautes Gebiet dieser Art kann nach langjährigen Messungen damit gerechnet werden, daß 15 % des Niederschlages oberflächlich abfließen. Bei dichter Bebauung sinkt dieser Wert auf 6 % ab. Das bedeutet, daß bei Starkregen von 1 km² nicht mehr 1,5 bis 2 m³/sec. abfließen, sondern nach erfolgter Bebauung 6 bis 8 m³/sec. Deshalb ist an der Schwippe der Hochwasserabfluß in den letzten Jahren auf das Doppelte angestiegen. Bei weiterer Verdichtung der Bebauung wird der Hochwasserabfluß noch weiter zunehmen.

Auch die Windströmungsverhältnisse einer Stadt werden durch Bebauungsstruktur, Orographie und jeweils herrschende Großwetterlage bestimmt. Städte in Kessellagen zeichnen sich häufig durch einen hohen Prozentsatz windstiller Tage aus. Die Windrichtung wird durch die Orographie, die Belüftung der Straßen, durch Form, Größe und Lage einzelner Gebäudekomplexe entscheidend beeinflußt (Holmer 1971, Pease 1970, Hufty 1970).

In Freiburg werden bei Südwestwind (Anteil 33 % pro Jahr) alle Stadtteile gleichmäßig gut durchlüftet. Bei schwachen Winden (Hochdruckwetterlagen; 25 % pro Jahr) werden die großräumigen Strömungsverhältnisse verändert. Der „Höllentäler" nimmt hierbei eine Sonderstellung ein, da durch ihn die Frischluftzufuhr in einigen Stadtteilen und der Altstadt besonders begünstigt wird. Bedingt durch die Art der Entstehung (nächtliche Abkühlung durch Ausstrahlung) bildet sich der Höllentäler als talabwärts wehender Bergwind nur nachts aus.

Die tagesperiodische Dynamik von Kaltluftseen besitzt ebenfalls große Bedeutung für die Belüftung von Stadtgebieten (Müller 1973, 1974).

4.2.3.2. Immissionstyp

Neben den klimatischen Besonderheiten im Lebensraum „Stadt" treten — vor allem in Industriestädten — eine Fülle aus Produktionsprozessen stammender naturfremder Stoffe auf. Gas- und staubförmige Emissionen, radioaktive Substanzen und Lärm wirken auf die in der Stadt lebenden Menschen, Tiere und Pflanzen ein. Zusammen mit den raumspezifischen Faktoren bilden sie den Immissionstyp einer Stadt (vgl. u. a. Hartkamp 1975).

a) Luftbeimengungen. — Die Herkunft der Luftverunreinigungen unterliegt regional erheblichen Schwankungen. Bezogen auf Festkörper, SO_x, NO_x, CO und HC Emissionen wurden 1972 für die USA folgende Verunreinigungsquellen aufgeführt (in 10^6 t/Jahr):

	Stäube	SO_x	NO_x	CO	HC	Total	%
Transport	1,8	0,5	3,1	59,6	9,7	74,7	60,7
Industrie	6,0	8,7	1,6	1,8	3,7	21,8	17,7
Kraftwerke	2,4	10,2	2,4	0,5	0,1	15,6	12,7
Raumheizung	1,2	3,4	0,8	1,8	0,5	7,7	6,3
Müllverbrennung	0,6	0,2	0,1	1,3	1,0	3,2	2,6
Total	12,0	23,0	8,0	65,0	15,0	123,0	100,0

Solche Übersichten können jedoch lediglich einen ersten Anhaltspunkt für eine aus der jeweiligen Flächennutzung einer Stadt zu erwartende Immissionsbelastung geben. Genaueres Zahlenmaterial liefern heute die in den meisten Industriestädten in Europa, UdSSR und USA eingerichteten Emissions- und Immissionskataster (Bach 1972, Scales 1974, Stevens und Herget

1974 u. a.). Sie zeigen jedoch, daß man, bezogen auf die Toxizität einzelner Schadstoffe, mit solchen Übersichten außerordentlich vorsichtig sein muß. Betrachtet man nur die nach dem Kölner Emissionskataster von 1972 zu erwartenden organischen Komponenten in der Kölner Stadtluft, so wird bewußt, daß wir von Messungen des SO_2 oder des CO nicht auf die „Belastung" eines Raumes schließen dürfen (vgl. Tab. 7).

Tab. 7: Emissionen in Köln 1972

Emittierter Stoff	Formel	t/Jahr
1. Dimethylformamid	C_3H_7NO	3632
2. Toluol	C_7H_8	2568
3. Äthylen	C_2H_4	1486
4. Essigsäure	CH_3COOH	955
5. Methan	CH_4	894
6. Propylenoxid	C_3H_6O	885
7. Vinylchlorid	C_2H_3Cl	719
8. ε-Caprolactam	$C_6H_{11}NO$	579
9. Propan	C_3H_8	557
10. Propylen	C_3H_8	549
11. Acrilsäurenitril	C_3H_3N	511
12. 1,2-Dichloräthan	$C_2H_4Cl_2$	412
13. Äthan	C_2H_6	366
14. Butanol	$C_4H_{10}O$	300
15. 1,3-Butadien	C_4H_6	262
16. Methylenchlorid	CH_2Cl_2	139
17. Trichloräthylen	$ClCH{=}CCl_2$	64
18. Aceton	CH_3COCH_3	16

Das Dominieren und die meßtechnisch relativ unproblematische Erfassung von CO, Stäuben und Schwefeldioxid haben dazu geführt, daß diese Stoffe meist als „Leitsubstanz" für die Immissionsbelastung von Standorten und Smogalarmplänen angesehen werden, die Kontrolle der übrigen Stoffe jedoch im allgemeinen vernachlässigt wird (HETTCHE 1975). 1969 wurden in der Bundesrepublik Deutschland 8 Mill. t CO, 4 Mill. t Gesamtstaub, 4 Mill. t SO_2, 2 Mill. t Stickoxide und 2 Mill. t Kohlenwasserstoffe emittiert (vgl. Tab. 8). Während die SO_2-Konzentrationen deutlich von der makroklimatischen Situation gesteuert werden, zeigt die CO-Konzentration einen vom Tagesgang des Kraftverkehrs geprägten Verlauf (vgl. Abb. 14). Durch Umstrukturierungsprozesse und technologische Maßnahmen konnten in den letzten Jahren in vielen Verdichtungsräumen Reduktionen bestimmter Schadstoffkonzentrationen erreicht werden. Das gilt insbesondere für die Gesamtstaubkonzentrationen.

Tab. 8: Staubniederschlag im Ruhrgebiet von 1963 bis 1972 (in t/Jahr)

Jahr	Staubniederschlag
1963/64	312
1964/65	312
1965/66	279
1966/67	245
1967/68	251
1968/69	245
1969/70	264
1970/71	210
1971/72	190

Dennoch sind die verbleibenden Schadstoffkonzentrationen hoch genug, um Verdichtungs- von Freiräumen zu differenzieren. Das zeigt nachfolgender Vergleich der Jahresmittelwerte für Blei, NO_2, CO_2 und SO_2 in Stadt- und Freilandstandorten der Bundesrepublik Deutschland (vgl. Tab. 9).

Tab. 9: Vergleich der Jahresmittelwerte für Blei, NO_2, CO_2 und SO_2 in Stadt- und Freilandstandorten

	Gelsenkirchen	Mannheim	Westerland	Schauinsland
µg Blei/m³				
1970	1220	—	86	76
1971	946	376	62	47
1972	757	293	60	37
µg NO_2/m³				
1969	54,4	48,2	9,2	3,7
1970	52	40	7	3,4
ppm CO_2				
1969	351,9	347,5	321,5	333,5
1970	350	348	421	337
µg SO_2/m³				
1969	166,2	152,0	22,2	—
1970	188	164	16,8	—

Die ökologische Bewertung unterschiedlicher Luftbeimengungen in Stadtgebieten ist von ihrer Toxizität abhängig. Hierbei ergeben sich jedoch, bedingt durch unterschiedliche ökologische Valenz bei Tieren, Pflanzen und dem Menschen z. T. unterschiedliche Werte (vgl. Tab. 10, 11).

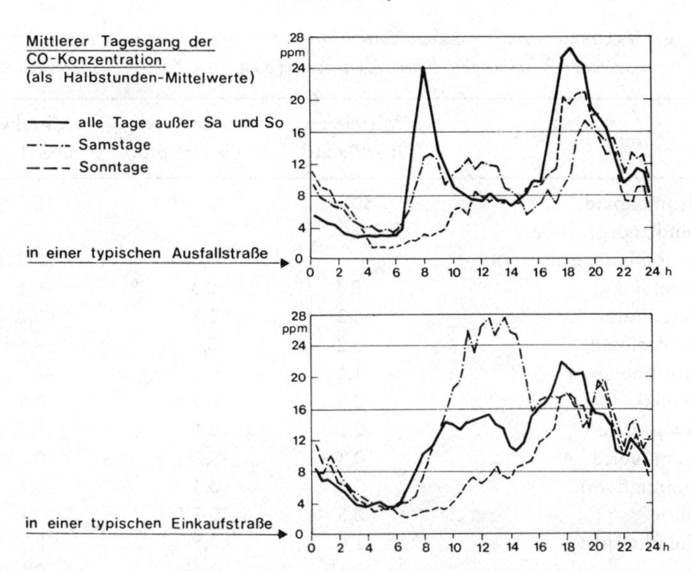

Abb. 14: Mittlerer Tagesgang der CO-Konzentration in verschiedenen Straßen von Wiesbaden (aus Umweltgutachten der BRD 1974).

Vergleicht man die für den Menschen gültigen MIK-Werte mit jenen der Pflanzen, so treten bemerkenswerte Unterschiede auf (vgl. Tab. 11).

b) Lärm-Immissionen. — Zahl und Geschwindigkeit der Kraftfahrzeuge, Breite und Höhe der Straßenschluchten, Straßenneigung und -beschaffenheit sowie den Verkehr regelnde Kreuzungen und Ampeln beeinflussen die Geräuschimmissionen einer Stadt. Der durchschnittliche Großstadtlärm liegt im allgemeinen bei 70 dB (A). Diese Werte werden jedoch in Industriestädten meistens überschritten (vgl. u. a. BRUCKMAYER 1973, GOSSRAU et al. 1976, MAGS 1975, ROEWER 1969, THOMASSEN 1973). Trotz unterschiedlicher subjektiver Geräuschbewertungen (u. a. abhängig von der sozialen Gruppe, genetisch festgelegter Reaktionsnorm, vom Alter, vom Beruf; vgl. u. a. LÜBCKE und MITTAG 1965) gelten heute für bestimmte Räume rechtsverbindliche Grenzwerte, die sich von den gesundheitlichen Auswirkungen des Lärms auf den Menschen ableiten. So treten beim wachen Menschen bei Geräuschpegeln von 65—70 dB (A) physiologisch nachweisbare Wirkungen auf (u. a. Hemmung der Magenperistaltik und Speichelsekretion, Steigerung des Stoffwechsels, Erweiterung der Pupillen, Ansteigen des Blutdrucks, Ansteigen des diastolischen Drucks, Verengung der peripheren Gefäße mit der Folge einer Herabsetzung der Hauttemperatur und Hautdurchblutung, geringfügige Herabsetzung des Herzschlagvolumens und vermehrte Ausscheidung bestimmter Nebennierenhormone; vgl. u. a. GRANDJEAN 1973, KLOSTERKÖTTER

Tab. 10: Maximale Immissionskonzentrationen (= MIK-Werte in mg/m³) zur Vermeidung toxischer Wirkungen beim Menschen (Rat der Sachverständigen 1974)

Stoff	Mittelwert über 1/2 Std.	Mittelwert über 24 Std.	Mittelwert über 1 Jahr
Kohlenmonoxid	50	10	10
Blei und anorganische Bleiverbindungen	—	0,003	0,0015
Schwefeldioxid	1,0	0,3	0,1
Schwefelsäure	0,2	0,1	0,05
Stickstoffdioxid	0,2	0,1	—
Stickstoffmonoxid	1,0	0,5	—
Ammoniak	2,0	1,0	0,5
Fluorwasserstoff	0,2	0,1	0,05
Natriumfluorid	0,3	0,2	0,1
Aluminiumfluorid	0,5	0,3	0,1
Kryolith	0,5	0,3	0,1
Calciumfluorid	1,0	0,5	0,2
Ozon	0,15	0,05	0,01
Schwebestaub	0,3	0,3	0,1
Zinkverbindungen	0,5	0,1	0,05
Cadmiumverbindungen	—	0,00005	—
Tetrahydrofuran	180	60	30
Trichloräthylen	16	5	2

Tab. 11: MIK-Werte (mg/m³) zum Schutz der Vegetation

Stoff	Mittelwert über 1/2 Std.	Mittelwert über 24 Std.	Vegetations-halbjahr
Chlorwasserstoff	—	0,2 —1,0	0,08 —0,15
Fluorwasserstoff	—	0,002—0,004	0,0002—0,0014
Schwefeldioxid	0,25—0,60	0,15 —0,35	0,05 —0,12
Stickstoffdioxid	0,80	—	0,35

1972, 1973, Lübcke und Mittag 1965, Meier und Müller 1975, Müller 1972, Rat der Sachverständigen 1974) (vgl. Abb. 15).

Für zahlreiche Großstädte existieren heute „Lärmkarten", aus denen die Belastung einzelner Bereiche abzulesen ist. Sie dienen als Grundlage für Maßnahmen zur gezielten Lärmreduktion.

Nach der für die Bundesrepublik Deutschland gültigen TA-Lärm (= Allgemeine Verwaltungsvorschrift über genehmigungsbedürftige Anlagen nach § 16 der Gewerbeordnung — GewO; Technische Anleitung zum Schutz gegen

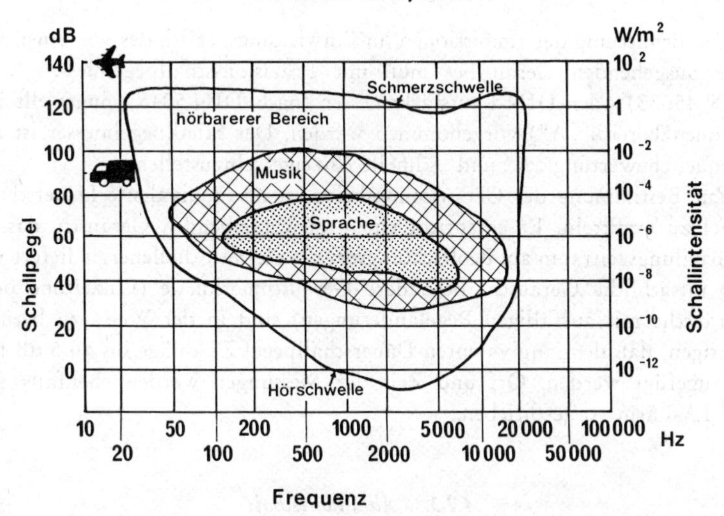

Abb. 15: Schematische Darstellung der Abhängigkeit der Hörschwelle vom Schallpegel und der Frequenz.

Lärm) vom 16. Juli 1968 gelten folgende Immissionsrichtwerte (vgl. u. a. FELDHAUS und HANSEL 1975):

a) Gebiete, in denen nur gewerbliche oder industrielle Anlagen und Wohnungen für Inhaber und Leiter der Betriebe sowie für Aufsichts- und Bereitschaftspersonen untergebracht sind . . . 70 dB (A)

b) Gebiete, in denen vorwiegend gewerbliche Anlagen untergebracht sind . . . . tagsüber 65 dB (A)
nachts (22—6 Uhr) 50 dB (A)

c) Gebiete mit gewerblichen Anlagen und Wohnungen, in denen weder vorwiegend gewerbliche Anlagen noch vorwiegend Wohnungen untergebracht sind, ... tagsüber 60 dB (A)
nachts 45 dB (A)

d) Gebiete, in denen vorwiegend Wohnungen untergebracht sind, ... tagsüber 50 dB (A)
nachts 40 dB (A)

e) Gebiete, in denen ausschließlich Wohnungen untergebracht sind, ... tagsüber 50 dB (A)
nachts 35 dB (A)

f) Kurgebiete, Krankenhäuser und Pflegeanstalten . . tagsüber 45 dB (A)
nachts 35 dB (A)

g) Wohnungen, die mit der Anlage baulich verbunden sind,
tagsüber 40 dB (A)
nachts 30 dB (A)

Die Ermittlung der Immissionen im Einwirkungsbereich des von einer Anlage ausgehenden Geräusches muß mit Präzisionsschallpegelmesser (nach DIN 45633) oder DIN-Lautstärkemesser (nach DIN 5045; eingestellt auf Frequenzbereich „A") vorgenommen werden. Der Schallpegelmesser ist auf Frequenzbewertung „A" und „schnelle Anzeige" einzustellen.

Zur Bestimmung der Geräuschimmission ist der äquivalente Dauerschallpegel zu ermitteln. Er entspricht einem gleichbleibenden Geräusch, das im Beurteilungszeitraum am Beobachtungsort die gleiche Schallenergie liefert wie das tatsächliche Geräusch. Besondere Geräuschmerkmale (Einzeltöne oder Geräusche mit auffälligen Pegeländerungen) sind in der Weise zu berücksichtigen, daß dem äquivalenten Dauerschallpegel Zuschläge bis zu 5 dB (A) hinzugefügt werden. Ort und Zeit der Messungen werden ebenfalls von der TA-Lärm vorgeschrieben.

4.2.3.3. Abfallwirtschaft

Systembelastend wirken jedoch nicht nur die oben aufgezeigten Immissionen, sondern ebenso der aus Produktions- und Konsumationsprozessen resultierende „Abfall". Naturgemäß läßt sich aus der Struktur des „Abfalls" auf die technologischen Fähigkeiten und Konsumgewohnheiten der ihn verursachenden Population schließen. Haushaltsabfälle zeigen erhebliche qualitative und quantitative Unterschiede zwischen Landgemeinden und Großstädten. In der Bundesrepublik Deutschland fallen etwa 19 Mill. t/Jahr an Haushaltsabfällen an (etwa 95 Mill. m^3/Jahr; vgl. Battelle 1973, Kumpf et al. 1975). Im Durchschnitt produziert dabei der Bewohner einer Landgemeinde etwa 0,15 t (0,7 m^3), der Großstädter etwa 0,32 t (2 m^3) pro Jahr. Auch das spezifische Gewicht des Hausmülls zeigt bemerkenswerte Unterschiede zwischen Stadt und Land. Für Nordrhein-Westfalen gibt Hennings (1973) folgende Werte an:

Gemeindegröße (Einw.)	Spez. Gewicht des Hausmülls (t/m^3)
0— 20 000	0,235
20 000— 50 000	0,211
50 000—100 000	0,194
100 000 und mehr	0,192

Die qualitative und quantitative Zusammensetzung des Mülls hat sich in den letzten Jahren einschneidend verändert, doch sind z. B. in der gesamten

Bundesrepublik Deutschland Zahl und Kapazitäten der Einrichtungen, die der schadlosen *Beseitigung* des Mülls dienen, weit hinter dem Bedarf zurückgeblieben. Durch das Abfallbeseitigungsgesetz (AbfG) vom 7. Juni 1972 wurden zwar die Grundprinzipien der Müllverwertung geregelt, doch sind nicht nur Ergänzungen auf regionaler Ebene dringend erforderlich, sondern ebenso eine völlige Neubesinnung. „Müll darf kein Müll mehr bleiben" (KELLER 1976), wenn wir die Selbstregulation unserer Städte erhalten wollen.

Die Wege hierzu hat KELLER deutlich aufgezeigt:

a) Verringerung der Produktionsabfälle,
b) Anwendung umweltfreundlicher Produktionsverfahren,
c) Überprüfung des Materialeinsatzes hinsichtlich der Zweckbestimmung vom Erzeugnis,
d) Erhöhung der Haltbarkeit von Produkten,
e) Verwertung von Abfällen als Rohstoffe im Produktionsprozeß,
f) Ausnutzung des Energieinhaltes von Abfällen,
g) Rückführung von Abfällen in biologische Kreisläufe.

Von einzelnen praktikablen Ansätzen in Richtung Recycling der Abfälle abgesehen, wird die Lösung des Abfallproblems bei den meisten Städten und Ländern in der Deponie, Kompostierung und/oder Verbrennung gesucht.

Nach unserem gegenwärtigen Erkenntnisstand ist die Kompostierung ein Müllverwertungsverfahren, das die geringste Belastung erzeugt (CHROMETZKA 1973, 1974). Allerdings lassen sich nicht alle Stoffe kompostieren. Zu jeder Kompostierungsanlage gehört deshalb eine Deponie und eine Restverbrennungsanlage. Vorgebrachte Bedenken wegen einer möglichen Anreicherung von Schwermetallen in den Komposten konnten zumindest teilweise ausgeräumt werden (FARKASDI 1973, RHODE 1972, 1974). Als Hauptproblem der Kompostierungsanlagen in Verdichtungsräumen wird die Kompostabnahme genannt.

Verbrennungsanlagen verlagern meist die Belastung vom Müll in die Luft. Allerdings muß betont werden, daß durch die technische Entwicklung der letzten Jahre eine erhebliche Verringerung der Emissionen erreicht werden konnte. 1972 waren über 10 Mill. Einwohner der Bundesrepublik Deutschland an kommunale Müllverbrennungsanlagen angeschlossen. Die 7 in Nordrhein-Westfalen betriebenen Verbrennungsanlagen sind mit Staubfiltern ausgerüstet, deren Abscheidegrad über 95 % liegt. Der Staubauswurf liegt bei 0,5 kg Staub/t Müll, was im Vergleich zu anderen Großemittenten gering ist. Problematischer sind die gasförmigen Partikel (Chloride, SO_2, Fluoride u. a.). PVC enthält bis zu 57 % Cl. Der Kunststoffgehalt des Mülls liegt zwischen 2 und 3 Gewichtsprozent. Die SO_2-Produktion erreicht im Mittel 4 kg SO_2/t Müll, die Fluorauswürfe 40 mg F/kg Müll. Hinzu kommen weitere Emissionen, die meßtechnisch meist nicht kontrolliert werden. 1973 wurden sowohl „trockene“ als auch „nasse“ Abgasreinigungsverfahren erprobt.

Gegenwärtig bildet die Beseitigung staub- und gasförmiger Partikel bei Verbrennungsanlagen kein wesentliches technisches Problem mehr (vgl. MÜLLER 1974).

Die technische Entwicklung der beiden letzten Jahre führt zur Überzeugung, daß nicht nur Umweltprobleme, sondern ebenso Umwelttechnologien eine exponentielle Wachstumsphase durchlaufen. Bei jedem Recyclingverfahren, und nur als solche sollte eine sinnvolle Müllverwertung betrieben werden, müssen Energie- und Kostenprobleme berücksichtigt und eine raumspezifische Korrelation zwischen Abfallumwandlung, Umweltbelastung und Aufwand angestrebt werden. Eine ökologische Entscheidungsfreiheit erlangen wir nur, wenn unserer Produktionstechnik eine wirkungsvolle Abbautechnik gegenübersteht, deren Produkte keine Belastung für unsere Ökosysteme darstellen und die zugleich unsere Rohstoffabhängigkeit (vgl. u. a. JÄGELER 1975) reduziert.

4.2.3.4. Stadtbiota

Unterschiedliche Flächennutzung und vielfältige anthropogene Einflüsse bestimmen die mosaikartige Verteilung von Tieren und Pflanzen in den Städten. Auch die menschlichen Populationen zeigen spezifische Verbreitungsstrukturen, die in den meisten Fällen markante, tageszeitlich bedingte Schwankungen aufweisen.

a) Stadtflora. — Artenzusammensetzung, Phänologie und Vitalität der Flora werden vom jeweiligen Stadt- und Immissionstyp geprägt (FORSTNER und HÜBL 1971, FROEBE und OESAU 1969, GUSEV 1968, KREH 1951, 1960, KUNICK 1974, LANPHEAR 1971, SUKOPP 1972, 1973, 1976, SUKOPP, KUNICK, RUNGE und ZACHARIAS 1974, SAARISALO-TAUBERT 1963, SCHMID 1975 u. a.). Als auffälligstes Kennzeichen kann eine Auslöschung einzelner Taxa erfolgen.

Gebiet	Größe in km²	Pflanzenarten	davon ausgestorben %
Paderborn	1250	684	6
Stuttgart	1000	1080	6
Berlin	884	965	12
Aargau	1404	1300	16
Lancashire	3100	839	7,9

Korreliert zu unterschiedlichen Belastungsstufen treten Arten und Assoziationen auf, die im Stadtumland meist fehlen. BORNKAMM (1974) beschrieb für die Stadt Köln 50 Ruderalgesellschaften. Spezialstandorte (z. B. Kiesdächer, Straßenränder) besitzen ihre eigenen Gesellschaften und zeigen standortspezifische Sukzessionen (ALMQUIST 1967, BORNKAMM 1961, GOEBBELS 1947 u. a.).

Für das Stadtgebiet von Berlin hat SUKOPP (1973) charakteristische Zonierungen der Pflanzengesellschaften nachweisen können. Er unterscheidet 4 Zonen:

Zone 1: *Chenopodium botrys*-Gesellschaft (Chenopodietum ruderale). Sisymbrietum altissimi als Pioniergesellschaften, mit einer Tendenz zur Entwicklung ruderaler Halbtrockenrasen (Poa-Tussilaginetum) und Robiniengebüschen.

Zone 2: Hordeetum murini; vorherrschender Acer-Ulmus-Jungwuchs mit Tendenz zur Entwicklung einer Alno-Padion-Waldgesellschaft.

Zone 3: Urtico-Malvetum, Leonuro-Ballotetum.

Zone 4: Sand-Trockenrasen; forstlich veränderte Pino-Querceten (mit *Prunus serotina*).

Diese Zonen zeichnen sich durch unterschiedlichen Hemerochoren-Anteil aus (u. a. KUNICK 1974). In Zone 1 von Berlin (geschlossene Bebauung) beträgt der Anteil an Hemerochoren 49,8 %, in Zone 2 (aufgelockerte Bebauung) 46,9 %, in der inneren Randzone (Zone 3) 43,4 % und in der äußeren Randzone (Zone 4) nur noch 28,5 %. Zunehmende Verstädterung kann durch eine Zunahme der Hemerochoren (= Arten, die ihre derzeitige Verbreitung dem Menschen verdanken) gekennzeichnet werden (vgl. Abb. 16). Für polnische Siedlungen hat FALINSKI (1971) folgende Prozentsätze angegeben:

	hemerochore Arten (in %)
Waldsiedlungen	20—30
Dörfer	30
Kleinstädte	35—40
Mittelstädte	40—50
Großstädte	50—70

Der Umfang der anthropogenen Beeinflussung der Standorte läßt sich durch das Hemerobiensystem von JALAS (1955) und SUKOPP (1972, 1973, 1976) definieren.

Danach lassen sich folgende Standortqualitäten unterscheiden:

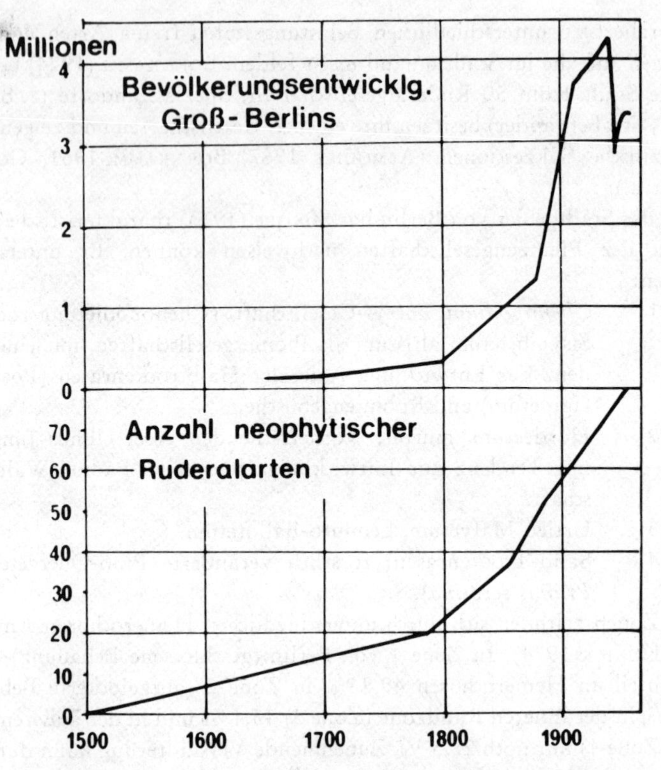

Abb. 16: Bevölkerungsentwicklung und Anzahl neophytischer Ruderalarten in Berlin (nach SUKOPP 1973).

Ahemerobe	=	nicht kulturbeeinflußt
Oligohemerobe	=	schwach kulturbeeinflußt
Mesohemerobe	=	mäßig kulturbeeinflußt
Euhemerobe	=	stark kulturbeeinflußt
Polyhemerobe	=	sehr stark kulturbeeinflußt
Metahemerobe	=	übermäßig stark und einseitig kulturbeeinflußt; Lebewesen tendenziell vernichtet.

Für einzelne Hemerobiestandorte sind bestimmte Pflanzen und Tierarten charakteristisch (Hemerobie-Indikatoren), deren Entwicklungsstadien allerdings erst für wenige Städte bekannt sind (vgl. Tab. 12).

In mitteleuropäischen Städten läßt sich häufig ein Belastungsgradient aufzeigen, der von anfälligen Arten (u. a. Linden, Roßkastanien) zu widerstandsfähigeren Arten (u. a. *Robinia pseudoacacia*) verläuft (JOVET 1954, KADRO und KENNEWEG 1973, LITTLE und NOYES 1971). Das gilt insbesondere

Tab. 12: Vegetationsentwicklung auf Berliner Innenstadt-Standorten (nach SUKOPP *1973)*

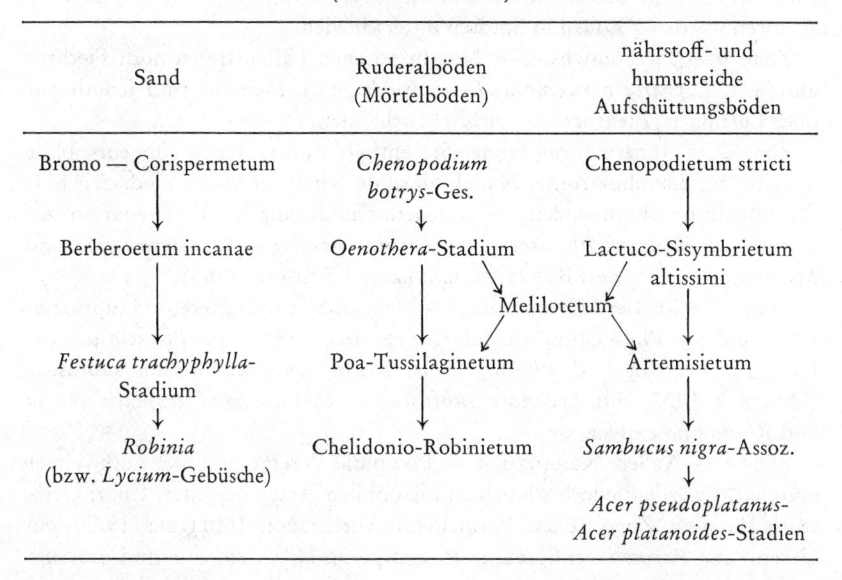

für die Bryophyten- und Flechtenflora, deren Zeigerwert als Luftqualitätskriterien bereits seit langem verwandt wird. Die ersten Beobachtungen über Flechten als Indikatoren für Luftverunreinigungen wurden bereits von GRINDON (1859) im südlichen Lancashire und NYLANDER (1866) im Jardin du Luxembourg in Paris gemacht. Seit dieser Zeit wurde die Flechtenvegetation zahlreicher Großstädte kartiert (u. a. Augsburg, München, Stockholm, Oslo, Helsinki, Zürich, Danzig, Debreczin, Krakau, Wien, Caracas, Lublin, Bonn, Hannover, Quebec, Göteborg, New York, London, Linz, Montreal, Stuttgart, Hamburg, Saarbrücken). In allen bisher vorliegenden Arbeiten über die Flechtenverbreitung in Städten kommen die jeweiligen Autoren zu klaren Zonierungen, die mit den luftklimatischen Faktoren und der Immissionsbelastung der Standorte in enger Beziehung stehen (vgl. u. a. BAUER und KREEB 1974, BESCHEL 1958, BORTENSCHLAGER 1969, BORTENSCHLAGER und SCHMIDT 1963, BRODO 1966, DJALALI und KREEB 1974, DOMRÖS 1966, FELFÖLDY 1942, FERRY et al. 1973, GILBERT 1969, GRUPE 1966, HAWKSWORTH und ROSE 1970, HAUGSJA 1930, HURKA und WINKLER 1973, JÜRGING 1975, KIRSCHBAUM 1973, KLEMENT 1958, 1966, KREEB et al. 1973, KUNZE 1972, 1974, LAUNDON 1967, MÄGDEFRAU 1960, MAURER 1969, PYATT 1970, RYDZAK 1953, SAUBERER 1951, SCHINZEL 1960, SCHÖNBECK 1968, 1969, STEINER und SCHULZE-HORN 1955, STEUBING 1970, THOMÉ 1976, VARESCHI 1953, VILLWOCK 1962 (vgl. Abb. 17).

Sand
Ruderalböden (Mörtelböden)
nährstoff- und humusreiche Aufschüttungsböden
Bromo — Corispermetum
Chenopodium botrys-Ges.
Chenopodietum stricti
Berberoetum incanae
Oenothera-Stadium
Lactuco-Sisymbrietum altissimi
Melilotetum
Festuca trachyphylla-Stadium
Poa-Tussilaginetum
Artemisietum
Robinia (bzw. *Lycium*-Gebüsche)
Chelidonio-Robinietum
Sambucus nigra-Assoz.
Acer pseudoplatanus-*Acer platanoides*-Stadien

SERNANDER führte bereits 1926 die Begriffe Normalzone, Kampfzone und Flechtenwüste in die Literatur ein. In Übereinstimmung mit den meisten Autoren werden 5 Zonen in Städten unterschieden.

Zone 1 = Flechtenwüste. — Nur in seltenen Fällen treten noch Flechten auf (u. a. *Lepraria aeruginosa, Lecanora hageni*). Meistens sind jedoch nur noch Luftalgen *(Pleurococcus viridis)* vorhanden.

Zone 2 = Innere Kampfzone. Sie enthält nur verarmte subneutrophile Vereine auf Laubholzrinde. Nadelholzrinde wird wegen des niedrigen pH-Wertes nicht mehr besiedelt. Es treten nur noch einzelne Flechtenarten auf *(Physcia orbicularis, Ph. ascendens, Lecidea parasema, Lecanora varia* und *Lecanora conizaeoides*; BORTENSCHLAGER und SCHMIDT 1963).

Zone 3 = Mittlere Kampfzone. — Neutrophile dominieren. Hauptsozietäten sind das Physcietum orbicularis (FELFÖLDY 1942) mit *Physcia orbicularis, Ph. sciastra* und *Ph. nigricans,* sowie das Lecanoretum subfuscae (OCHSNER 1927) mit *Lecanora subfusca, L. coelocarpa, Caloplaca cerina* und *Rhinodina exigua.*

Zone 4 = Äußere Kampfzone. — Oxyphile Vereine sind hier noch immer dominant, werden jedoch schon von nitrophilen Arten begleitet. Charakteristisch für diese Zone ist das Parmelietum furfuraceae (HILITZER 1925), ein Verein mit *Parmelia fuliginosa, P. exasperatula, P. sulcata* und *Evernia prunastri.*

Zone 5 = Frischluftzone. — Siedlungseinflüsse wirken sich hier nicht mehr letal für Flechten aus. In dieser Zone dominieren oxyphile Vereine auf Laub- und Nadelbaumrinde, Holz und Silikat (BESCHEL 1958). Charakteristische Sozietäten sind das Usneetum dasypogae (HILITZER 1925), eine oxyphile Bartflechtensozietät, das Laborion pulmonariae (OCHSNER 1927), Moos-Blattflechtenvereine, das Parmelion physodis (HILITZER 1925) u. a.

Die an den Bäumen vorhandenen Flechten lassen sich nach ihrem Dekkungsgrad einer 8teiligen Skala zuordnen (vgl. Tab. 13):

Tab. 13: Deckungsgrade und Flechtenbewuchs

Deckungsgrad	Flechtenbewuchs
0	= Bäume ohne Flechten oder nur Krustenflechten
+	= 0— 1 (Spuren von Flechten)
1	= 1— 5
2	= 5—10
3	= 10—20
4	= 20—30
5	= 30—50
6	= über 50

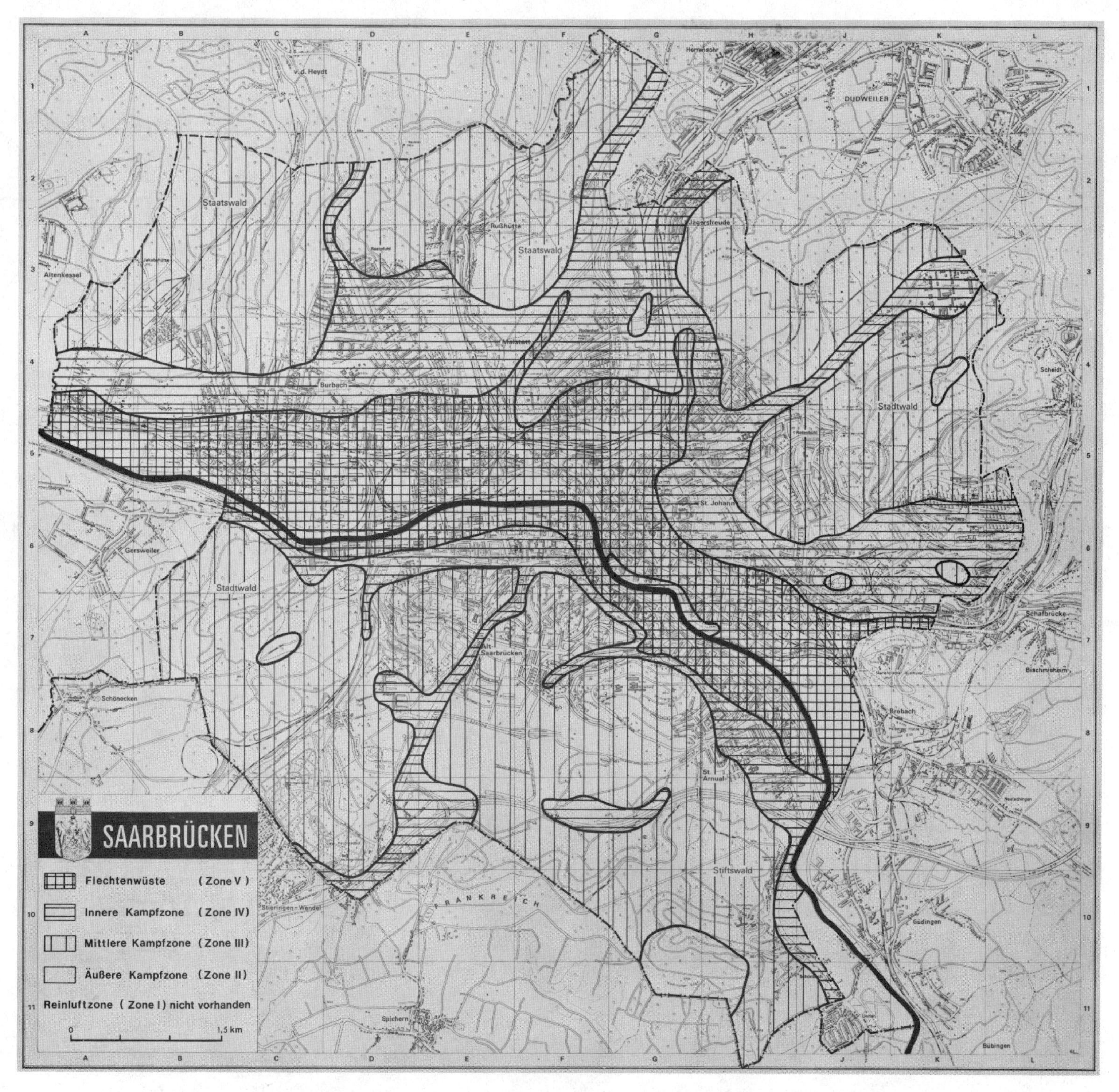

Abb. 17: Flechtenzonierungen im Stadtgebiet von Saarbrücken (nach THOMÉ 1976, Biogeographie, Saarbrücken). Die Flechtenwüste (Zone V) ist die Zone stärkster Immissionsbelastung.

Nach den kartierten Deckungsgraden läßt sich ebenfalls eine Zonierung vornehmen (vgl. Tab. 14).

Tab. 14: Zoneneinteilung des Flechtenbewuchses

Zone Nr.	Deckungsgrad	Flechtenzone	Zoneneinteilung nach SERNANDER (1926)
1	0	flechtenfrei	Flechtenwüste
2	1	Flechtenbewuchs stark eingeschränkt	innere Kampfzone
3	2	Flechtenbewuchs eingeschränkt	mittlere Kampfzone
4	3—6	flechtenreich	äußere Kampfzone

Die für Städte bezeichnenden Verbreitungsstrukturen stehen letztlich in engem Zusammenhang zu Isolationsbarrieren und Selektionsgradienten, die der Mensch erst aufgebaut hat. Es verwundert deshalb nicht, daß in Städten auch evolutive Prozesse stattfinden. Ursprüngliche Isolationsbarrieren können beseitigt werden und Arten, die in freier Natur gegeneinander isoliert sind, zur Introgression kommen (u. a. JALAS 1961, SUKOPP 1973, 1976). Völlig neue Artenkomplexe können entstehen, wie das für die *Lecanora-conizaeoides*-Flechtengruppe angenommen wird, deren Evolution offensichtlich parallel zur Industrialisierungsphase verlief.

Zahlreiche Stadtpflanzen wurden erst vom Menschen nach Mitteleuropa eingeführt. Mahonien *(Mahonia aquifolia)*, Phlox (u. a. *Phlox drummondii*), „Essigbäume" (*Rhus* spec.) und Nachtkerzen (*Oenothera* spec.) kamen aus Nordamerika, Dahlien, die 1784 erstmals von Mittelamerika nach Europa eingeführt wurden, Judenkirschen *(Physalis olkekengi)* aus Südamerika, Gladiolen aus Südafrika und dem Orient sowie Flieder *(Syringa)*, Sommerflieder *(Buddleja davidii)*, Magnolien *(Magnolia precia)* und Chrysanthemen aus Ostasien und Japan.

b) Stadtfauna. — Städte sind durch eine charakteristische Tierwelt gekennzeichnet, die sich durch unterschiedliche Geschichte und z. T. abweichende populationsgenetische Zusammensetzung von den Stadtumland-Populationen unterscheidet (vgl. Abb. 18, 19). Besonders auffallend sind naturgemäß die nur in Städten vorkommenden bzw. grundsätzlich dort fehlenden Arten (vgl. u. a. KÜHNELT 1955, LECLERCQ 1974, WEIDNER 1952, WENDLAND 1971) (vgl. Tab. 15).

Die Dipterenfauna einer Großstadt besitzt eine charakteristische Zusammensetzung (PETERS 1949, KÜHNELT 1970, GREENBERG 1971, NUORTEVA

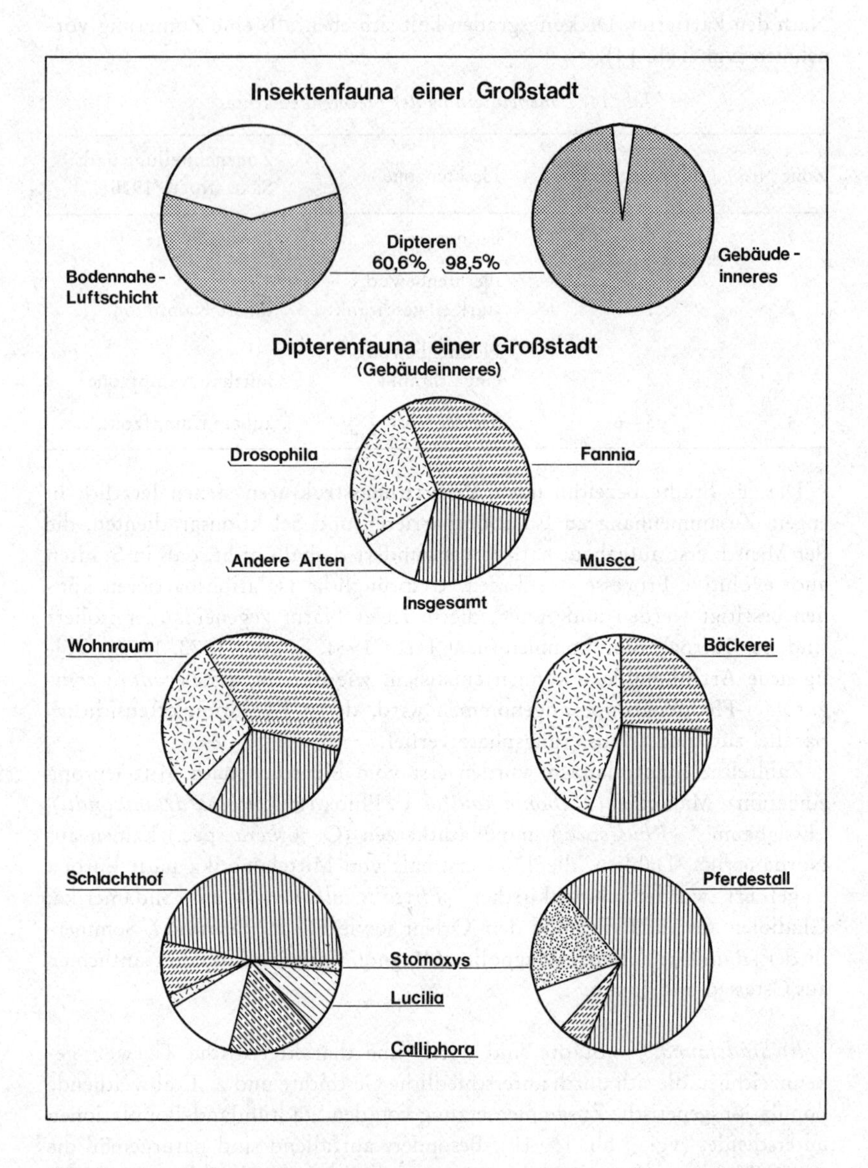

Abb. 18: Verteilung von Dipteren-Gattungen auf verschiedene Räume einer Großstadt (nach PETERS 1949).

Tab. 15: Artenzahl von Insekten in der Stadt und im Umland von Wien (nach Schweiger *1962)*

Gruppe	Randzone	Gartenland	Bebautes Gebiet
Carabus	17	7	2
Trechus	6	3	1
Pterostichus	22	10	2
Euconnus (Ameisenkäfer)	11	3	2
Dermestidae	24	15	27
Bombus	13	7	1
Acrididae	32	6	1
Tettigonidae	20	4	1

1966, 1971, Povolny 1959, 1971, Weidner 1952), in der in Mitteleuropa *Fannia-*, *Musca-* und *Drosophila-*Arten dominieren.

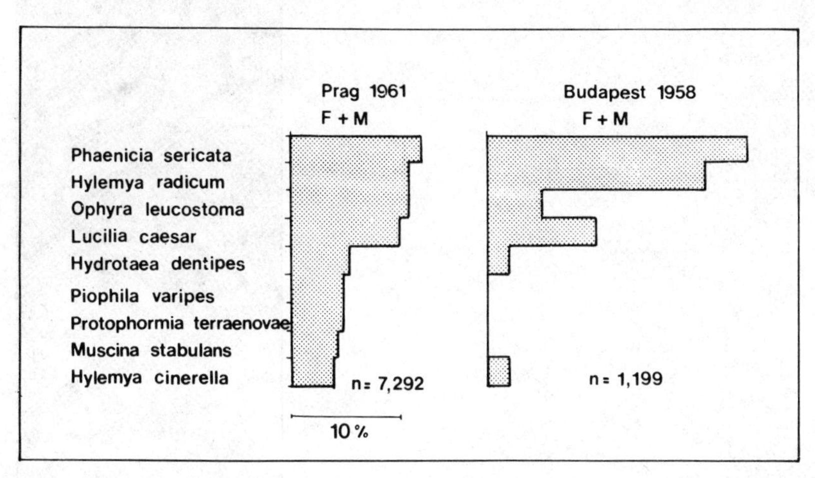

Abb. 19: Dominanzverhältnisse verschiedener Dipterenarten in den Städten Prag und Budapest (nach Povolny 1971).

Reptilien, Amphibien und Gehäuseschnecken fehlen meist völlig, doch gibt es eine Anzahl bemerkenswerter Ausnahmen. So dringen in neuerer Zeit z. B. *Lacerta agilis* und *Bufo viridis* ins Innere verschiedener mitteleuropäischer Städte vor (Müller 1976, Wendland 1971). Unter den Feldheuschrekken gelingt es in Mitteleuropa offensichtlich nur *Stenobothrus bicolor,* den inneren Stadtbereich zu besiedeln (vgl. Abb. 20).

Das Luftplankton zeigt im Stadtinnern einen völlig anderen Aufbau als

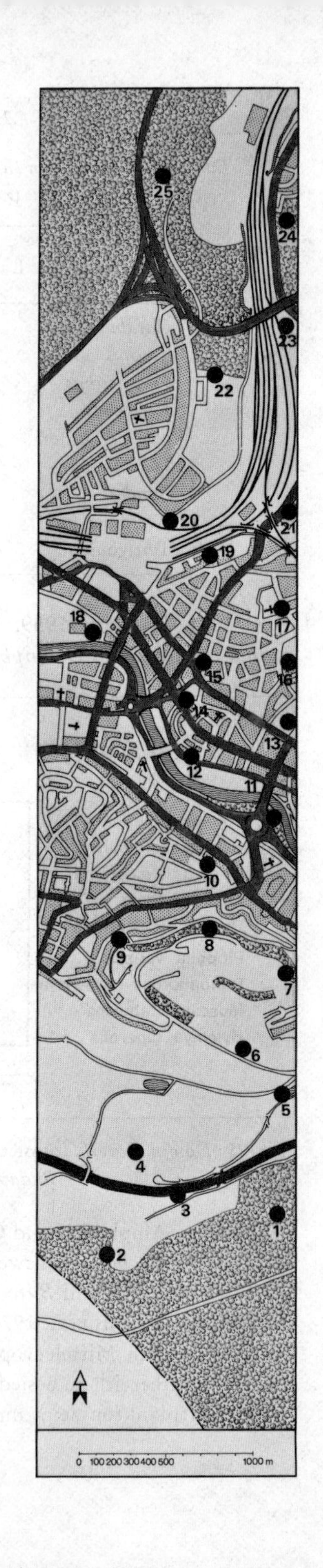

25
24
23
22
21
20
19
18
17
16
15
14
13
12
11
10
9
8
7
6
5
4
3
2
1
0 100 200 300 400 500 1000 m

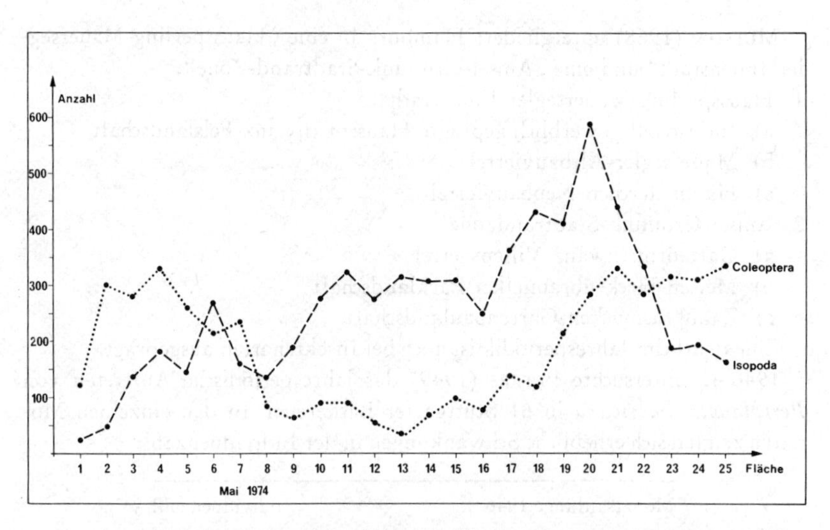

Abb. 20: Daueruntersuchungsflächen im Stadtgebiet von Saarbrücken (S. 70) *und Verteilung von Coleopteren und Isopoden (nach Barberfallen-Fängen) auf diesen Flächen im Mai 1974* (S. 71; nach Untersuchungen von WEBER, Biogeographie, Saarbrücken).

an den Stadtgrenzen. Tardigraden scheinen, obwohl ihre Tönnchen extreme Umweltbedingungen ertragen, im Stadtinnern völlig zu fehlen. Andere Arten erreichen dagegen im Stadtinnern hohe Populationsdichten.

Unter den Vögeln gehören hierzu in Mitteleuropa im Sommer Hausrotschwanz *(Phoenicurus ochruros)* und Mauersegler *(Apus apus)*. Im Winter treten an ihre Stelle Stare *(Sturnus vulgaris*/Überwinterer). Standvögel sind Haussperlinge *(Passer domesticus)* und Türkentauben *(Streptopelia decaocto)*. Vögel zeigen zugleich besonders deutlich, daß die „Urbanisierung" von Tieren auch ein allmählicher Anpassungsvorgang sein kann (ERZ 1964, LENZ 1971, TENOVUO 1967). Klassische Beispiele sind die Ringeltauben *(Columba palumbus)* von Paris oder die Amseln *(Turdus merula)*. Zum erstenmal wird die Amsel als „Stadtvogel" im 5. Band der ›Europäischen Fauna‹ (1. Teil, S. 121) des Quedlinburger Pastors und Naturforschers J. A. E. GOEZE im Jahre 1795 als eine scheue, sich stets in Deckung haltende Waldbewohnerin beschrieben. Zwischenzeitlich ist sie in die mitteleuropäische Stadtfauna integriert (HEYDER 1955, 1969/70).

Nach der Lage ihrer Brutzeit lassen sich die Stadtvögel Mitteleuropas mindestens in 2 Gruppen gliedern. Arten mit Brutbeginn im März/April (u. a. Amsel, Grünfink, Haussperling, Türkentaube) sind ausnahmslos Standvögel, während viele Arten der Mai/Juni-Brutperiode den Zugvögeln zuzurechnen sind (u. a. Mauersegler, Grasmücken, Schwalben). Diese Arten zeigen zugleich charakteristische Verbreitungsstrukturen.

Mulsow (1968) untergliedert Hamburg in eine „Haussperling-Mauersegler-Innenstadt" und eine „Amsel-Grünfink-Stadtrand-Zone":

1. Haussperling-Mauersegler-Innenstadt
   a) Industriell-gewerblich geprägte Hausrotschwanz-Felslandschaft
   b) Mauersegler-Altbauviertel
   c) Haubenlerchen-Neubauviertel
2. Amsel-Grünfink-Stadtrandzone
   a) Gartenrotschwanz-Villenviertel
   b) Meisen-Heckenbraunellen-Parklandschaft
   c) Zaungrasmücken-Gartenbaulandschaft.

Eine deutliche Jahresperiodik ist auch bei Insektenarten ausgeprägt.

1946/47 untersuchte Peters (1949) das jahresperiodische Auftreten von *Periplaneta americana* in 61 Stuttgarter Bäckereien. In den einzelnen Monaten zeigten sich erhebliche Schwankungen in der Individuenzahl:

Monatsanfänge 1946	Individuenzahl
Februar	121
März	563
April	366
Mai	477
Juni	421
Juli	539
August	756
September	190
Oktober	121
November	871
Dezember	338

Mosaikartig die Stadtgebiete durchsetzende Grünflächen, Mülldeponien, Ruderalstellen, Kinderspielplätze u. a. besitzen eine standortspezifische Fauna (Berhausen 1973, Iglisch 1975, Kühnelt 1955, Müller 1973, 1977, Tischler 1952, Topp 1971 u. a.) (vgl. Abb. 21).

Eine Sonderstellung innerhalb der Stadtfauna nimmt die *Hausfauna* ein, die sich zu einem Großteil aus wärmebedürftigen Adventivformen zusammensetzt. Die Schabe *Periplaneta americana* ist vor allem in Universitätsstädten zum Haustier geworden.

Die indische Pharao-Ameise *(Monomorium pharaonis)* kommt in mehreren europäischen Hauptstädten vor, und die nordamerikanische Termite *Reticulitermes flavipes* wurde 1937 nach Hamburg eingeschleppt, wo sie sich im städtischen Heizungssystem festsetzte.

Durch Gewürz- und Samenhandel werden regelmäßig Insekten und Milben verfrachtet. Von 72 Insekten- und Milbenarten, die in Hamburger Apo-

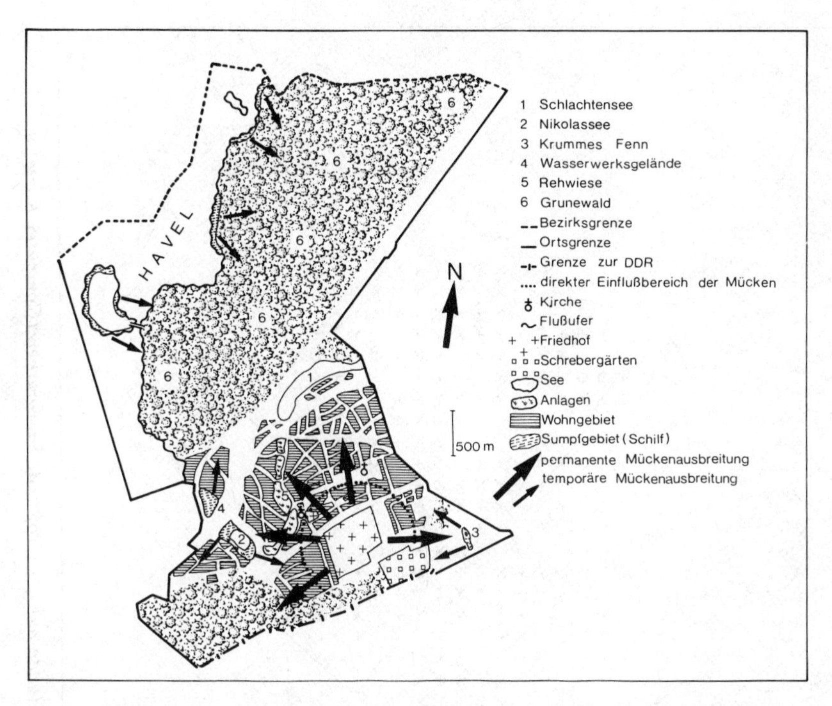

Abb. 21: Mückenausbreitungszentrum im Ortsteil Nikolassee im Bezirk Zehlendorf von West-Berlin (nach IGLISCH 1975).

theken an Arzneidrogen und Gewürzen gefunden wurden, werden besonders die tropischen Insekten *Plodia interpunctella, Oryzaephilus mercator, Lasioderma serricorne* und *Tribolium castaneum* regelmäßig importiert und gehören bereits zur Stadtfauna.

Nach WEIDNER (1963, 1964) werden in deutschen Apotheken der Schmetterling *Ephestia elutella,* eine Verwandte der Mehlmotte, und *Stegobium paniceum* oft angetroffen. Zur Stadtfauna gehören auch die *Haustiere,* die für Großstädte z. T. erhebliche hygienische Probleme darstellen (u. a. Hundeprobleme, Taubenprobleme; vgl. BECK 1973, SCHMIDT 1975). Die am häufigsten gehaltenen Haustiere in Städten sind Hunde, Katzen, Tauben, Ziervögel (Papageien, Wellensittiche, Kanarienvögel, Prachtfinken u. a.), Zierfische, Meerschweinchen, Goldhamster und verschiedene Reptilienarten. 1975 waren z. B. in Saarbrücken 7560 Hunde beim Stadtsteueramt gemeldet. Ihre Verteilung im Stadtgebiet zeigt deutliche Korrelationen zur Wohnqualität verschiedener Stadtregionen (vgl. Abb. 22).

Die meisten Haustiere besitzen eine lange Domestikationsgeschichte (HERRE und RÖHRS 1973), die beim Hund bis in die Mittlere Steinzeit (16 000 bis

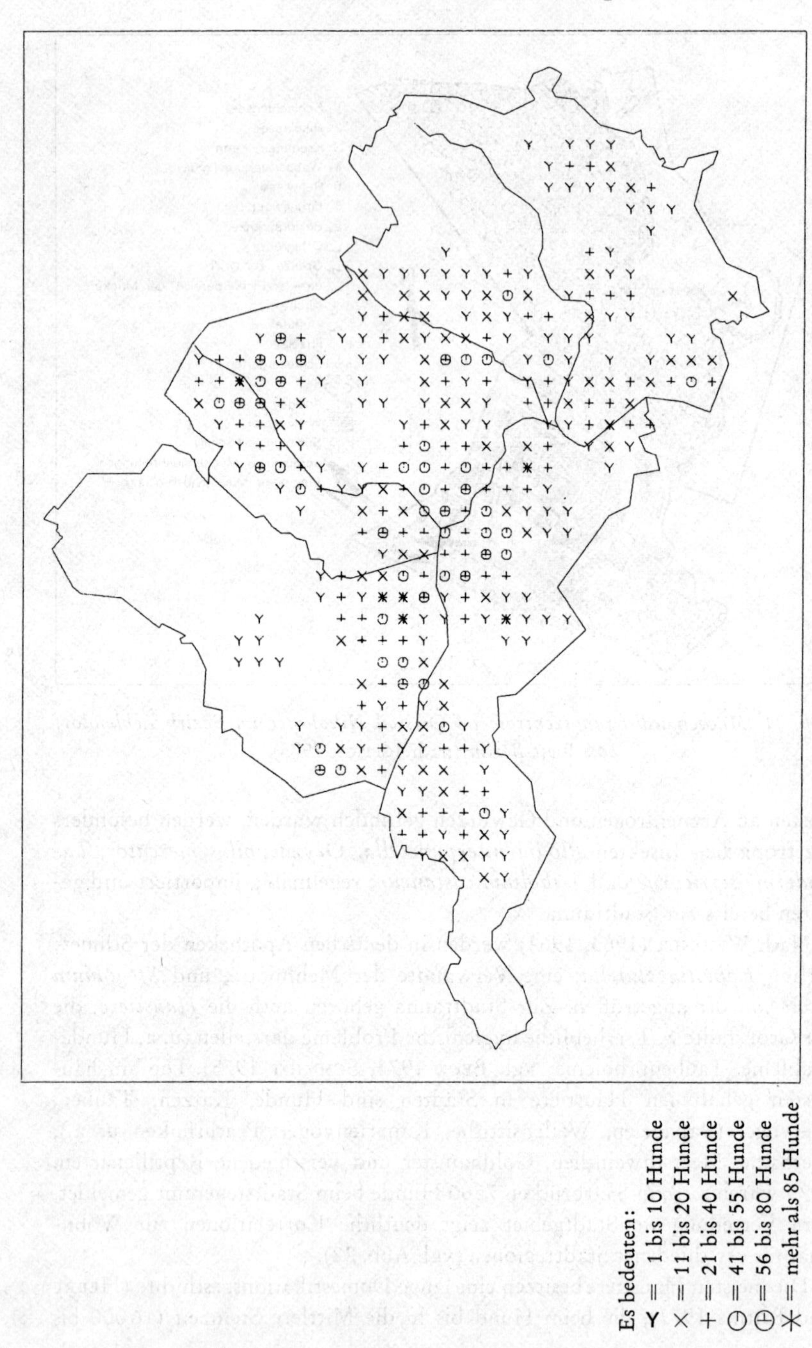

Abb. 22: Verteilung der Hunde auf die Großstadt Saarbrücken (Computer-Karte).

6000 v. Chr.), bei der Taube bis 3000 v. Chr. und bei der Katze bis 2000 v. Chr. hinabreicht. Dagegen wurden Reptilien erst in neuerer Zeit zum Haustier.

Landschildkröten, vornehmlich *Testudo hermanni*, *Testudo graeca* und *Testudo horsfieldi*, werden jährlich in großen Mengen nach Mitteleuropa eingeführt. Allein Jugoslawien exportierte 1971 nach der Bundesrepublik Deutschland 124 236 Exemplare (= 30,98 % des gesamten Schildkrötenexportes). An 30 Schulen des Saarlandes wurden 1974 insgesamt 10 319 Schüler befragt (Müller und Blatt 1975). Davon waren 1925 (= 18,65 %) Schildkrötenhalter. Höchste Haltungsraten (über 30 %) treten in Gebieten mit hoher Verdichtung auf. Die Mortalitäts- und Verlustrate allein in das Saarland importierter Tiere beträgt in den beiden ersten Haltungsjahren 82,81 %. Wesentlich für den Menschen ist die Tatsache, daß Schildkröten — ähnlich wie andere Haustiere — auch als Krankheitsüberträger fungieren können (Lamm et al. 1972, Pruksaray 1967, Weber und Pietzsch 1974).

Ähnlich wie bei Pflanzen lassen sich auch bei Tieren evolutive Prozesse in Stadtgebieten nachweisen (vgl. Askew et al. 1971, Bishop 1972, Cleve 1970, Junk 1975, Lees et al. 1973, Kettlewell 1955, 1973, Weidner 1958) (vgl. Abb. 23, 24).

Unterschiedliche Faktoren bewirken in urbanen Ökosystemen aber nicht nur eine Diminution und Selektion von Tierarten und Biozönosen, sondern zugleich mannigfache Veränderungen der Diversität mosaikartig verbreiteter Lebensgemeinschaften. Deshalb lassen sich sowohl die Reaktionsnorm des einzelnen in seiner ökologischen Valenz bekannten Organismus als auch die Veränderung der Diversität von Lebensgemeinschaften als Bewertungskriterium verwenden (Müller, Klomann, Nagel, Reis und Schäfer 1975).

Da in „gestörten" Vielartenpopulationen häufig eine Art dominant wird, in ungestörten Populationen dagegen ausgewogene Verhältnisse zwischen Räuber- und Beutetieren vorliegen, erscheint es gerechtfertigt, „H_s" als Bewertungsmaßstab für die Belastung eines Systems zu verwenden. Bei Untersuchungen auf belasteten und unbelasteten Standorten zeigte es sich, daß die Diversität als Maßstab für den Grad der Belastung in einem städtischen System herangezogen werden kann.

Auf 16 Langzeituntersuchungsflächen im Verdichtungsraum von Saarbrücken wurden mit der Barberfallenmethode von Mai bis Dezember 1972 45 039 Bodenarthropoden gefangen (Formicidae 19 367, Coleoptera 12 256, Aranea 5478, Isopoda 2445, Diplopoda 1336, Opiliones 1259, Diptera 1055, Orthoptera 714, Collembola 521, Chilopoda 231, Homoptera 202, Heteroptera 104, andere Hymenoptera 71), die sich quantitativ jedoch sehr unterschiedlich auf die einzelnen Flächen verteilten (vgl. Abb. 25).

Die Coleopteren waren mit 12 257 nach den Formiciden die individuenreichste Gruppe. Die Familie Carabidae war durch 9003 Individuen in 64

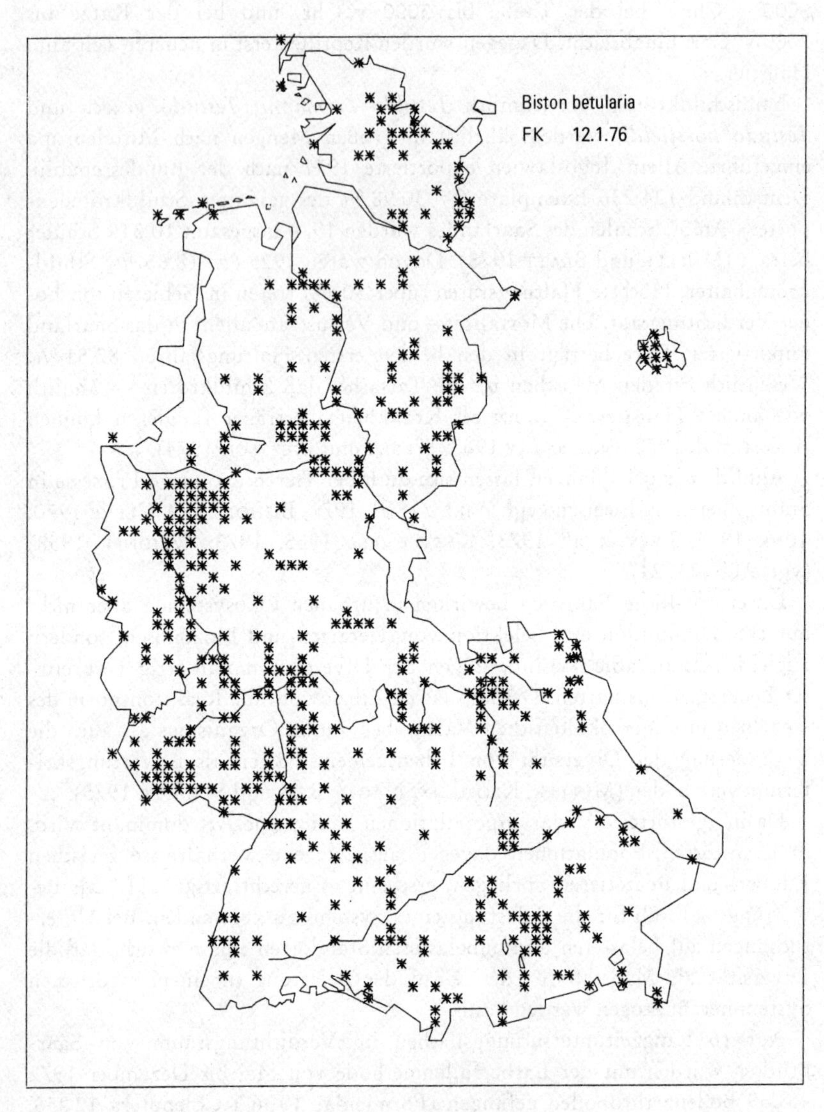

Abb. 23: Verbreitung des hellen Birkenspanners (Biston betularia) in der BRD.

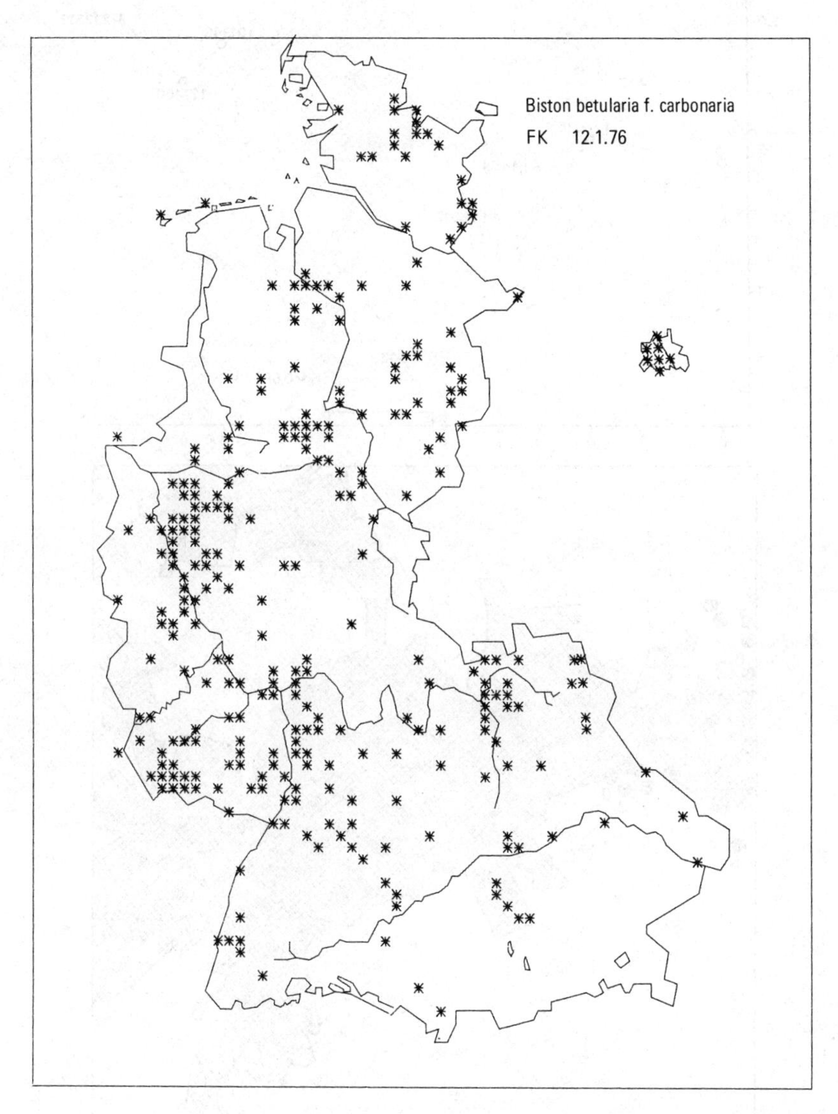

Abb. 24: Verbreitung der überwiegend in den Verdichtungsräumen vorkommenden industriemelanistischen carbonaria-Form des Birkenspanners (Biston betularia). Man beachte das Fehlen der Form in den Alpen.

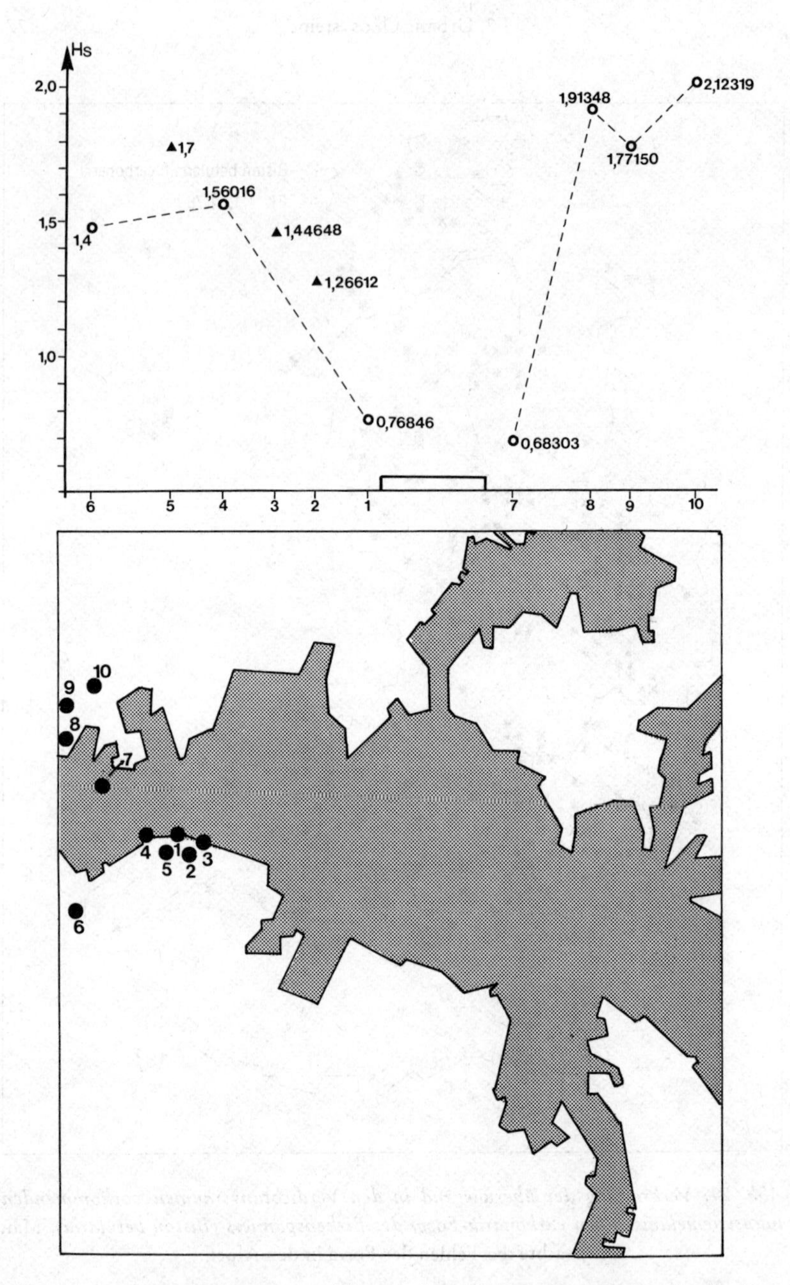

Abb. 25: Spezies-Diversitätswerte (oben) auf 10 Untersuchungsflächen in der Umgebung von Saarbrücken. Mit zunehmendem Stadteinfluß sinken die Diversitätswerte (nach Untersuchungen von KLOMANN, Biogeographie, Saarbrücken).

Arten vertreten. 10 der Untersuchungsflächen lagen im Buntsandstein, 6 auf Muschelkalk. Korreliert zu den Bodenarthropoden wurde die Vegetation pflanzensoziologisch bearbeitet sowie der Tagesgang der Temperatur und Evaporation, der pH-Wert, die Staub- und SO_2-Belastung erfaßt. Durch das Fehlen oder Vorhandensein einzelner Arten unterschieden sich die einzelnen Flächen teilweise auffallend. *Abax ater*, eine euryöke „Waldart", kommt auf den meisten Wiesenflächen als dominante Art vor, fehlt jedoch auf anderen, die ihrer Struktur nach vergleichbar waren. Ähnliche Verhältnisse treten auch bei anderen Arten auf. Erst die Bildung der flächenspezifischen Diversitätswerte ergibt eine direkte Beziehung zwischen der Carabidenpopulation der einzelnen Standorte und deren spezifischen Belastungen. Ähnliches konnte NAGEL (1975) bei belasteten und unbelasteten Halbtrockenrasen im Saar-Mosel-Raum nachweisen und JOOS (1975) bei Autobahnen.

c) Stadtmensch. — „Eine Stadt ist eine Tat des Menschen wider die Natur, ein Organismus des Menschen zum Schutze und zur Arbeit. Sie ist eine Schöpfung" (LE CORBUSIER). In ihr sind jedoch nicht nur unsere stärksten Kräfte vereinigt, sondern auch alle Gefahren, die das verdichtete Zusammenleben von Menschen mit sich bringt, sei es durch übernormalen Konsum und die daraus entstehende Haltlosigkeit, Verwilderung und Frustration, oder „sei es durch die Auslese in einer Stadtgemeinschaft, die nicht nur die ideelle Leistung fördert, sondern auch den Hochmut und die lebensgefährliche Entfernung von Kräften, von denen der Mensch sich nicht entfernen sollte. Weltfremdheit, Enttäuschung und schließlich Gewalttätigkeit bis zur Kriminalität sind die Folgen" (TAMMS und WORTMANN 1973).

Von besonderem biogeographischem Interesse sind jedoch Veränderungen der Gesundheit (Epidemiologie, Geomedizin) und physiologischer Prozesse von Stadtpopulationen. Auf diesem Gebiet liegt eine umfangreiche Literatur vor (vgl. Kapitel 3.3 und u. a. ALLWRIGHT et al. 1974, CRAWFORD et al. 1971, FASSBENDER 1975, FIRNHABER 1974, KEIL et al. 1975, MOLL 1975, PFLANZ et al. 1976, ROSMANITH et al. 1975, SCHNEIDER et al. 1975).

Deutlich lassen sich in jeder Stadt Verbreitungszentren bestimmter Krankheiten (u. a. Chronische Bronchitis, Krebs) abgrenzen (vgl. Abb. 26), ohne daß die Kausalität der Standortsbindung — von Ausnahmen abgesehen — sicher gedeutet werden kann. Genetische und soziale Variabilität der Stadtpopulationen sowie ihre hohe Mobilität erschweren die kausale Interpretation. Die Mobilität liefert jedoch zugleich die Grundlage für kontinentale Verbreitungsnetze bestimmter Krankheiten (JUSATZ 1966). Bedingt durch die in Verdichtungsräumen häufig reduzierte UV-Strahlung traten in früheren Jahren gehäuft Fälle von Rachitis in Industriegebieten auf (vgl. Umschau 1971, S. 249). Durch verstärkte orale Gaben von Vitamin D an Säuglinge wird jedoch die negative Wirkung des Strahlungsmangels heute weitgehend aufgehoben.

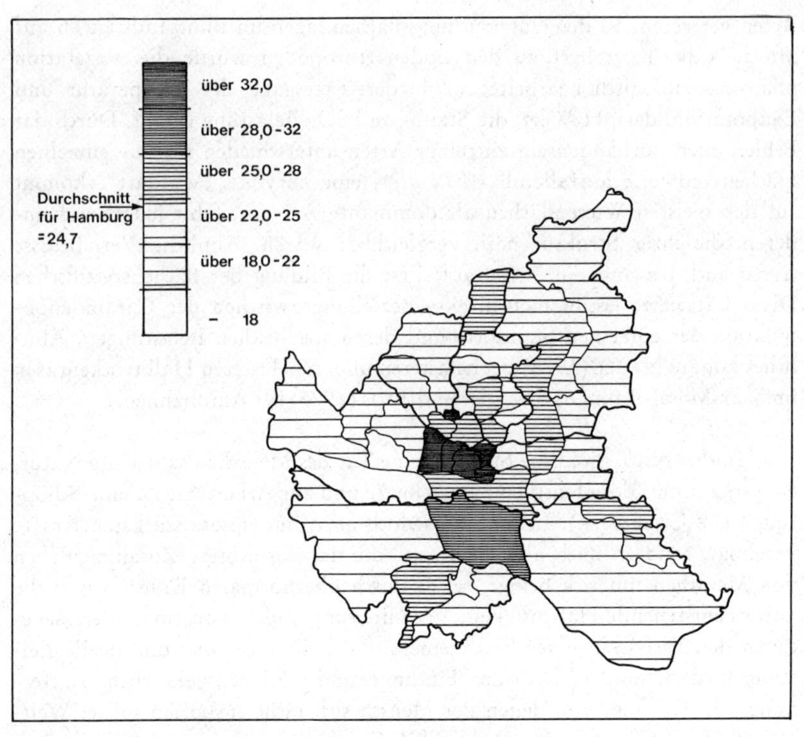

Abb. 26: Mortalität an Lungenkrebs in Hamburg, bezogen auf je 10 000 der männlichen Bevölkerung (nach SACHS 1971).

4.2.3.5. Stadtböden

Für die Beurteilung zahlreicher biogeographischer und physisch-geographischer Zusammenhänge ist die Kenntnis des Bodens von entscheidender Bedeutung. Als Produkt physikalisch-chemischer Gesteinsverwitterung und biogener Umsetzungen stellt er ein Informationssystem dar, das bei der Bewertung von Landschaftsräumen eine zentrale Stellung einnimmt (BRAUNS 1968, BRIDGES 1970, BUNTING 1965, FRANZ 1975, GANSEN 1965, GERASIMOV und GLAZOVSKAJA 1960, KUBIENA 1948, MÜCKENHAUSEN 1962). Die Böden urbaner Systeme sind außerordentlich heterogen und variieren in ihrem Feinerde- und Humusgehalt z. T. erheblich. Es gibt alle Übergänge von feinerde- und humusarmen Schuttböden bis zu humosen Garten- und Sandböden mit geringem Schuttanteil (GRAY 1972, SUKOPP 1973).

Besonders gut untersucht sind die Ruderalböden in Berlin (RUNGE 1973), deren Ausgangsmaterial Trümmerschutt darstellt (Ziegel- und Mörtelschutt).

Überraschend ist die Schnelligkeit der Profildifferenzierung und Bodenbildung in diesen Ruderalböden (5—25 Jahre). Sie äußert sich in der Feinerdefraktion durch eine Zunahme des Kalziumkarbonatgehaltes mit der Tiefe von etwa 6 auf 10 %, des pH-Wertes von etwa 7 auf 7,5 und einer Abnahme des Gehaltes an organischem Kohlenstoff von etwa 3 auf 0,5 %. Die feinerdigen Ruderalböden besitzen z. T. höhere verfügbare Nährstoffgehalte als natürliche Böden. Der hohe Steingehalt (25—50 %) bewirkt jedoch eine ungünstigere Wasserversorgung (schneller Wasserabfluß, vermindertes Speichervolumen). Die Stadtböden gehören zur Gruppe der anthropomorphen Böden, deren Merkmale durch die Tätigkeit des Menschen geprägt wurden. Zu dieser Gruppe von Böden zählt man:

Plaggenesch = Stark durchwurzelter Oberboden wurde abgehoben, als Stallstreu verwandt und dann wieder mit Stickstoff angereichert auf den mineralischen Horizont ausgebracht. Dadurch wird eine künstliche Erhöhung des humosen Horizonts erreicht. In der sauren Plaggenauflage spielen sich leichte Podsolierungsvorgänge ab.

Hortisol = Gartenböden, die infolge der starken organischen Düngung, Bearbeitung und Bewässerung die Ausbildung eines starken A_h-Horizontes zeigen.

Rigosol = Böden, die durch tiefgründige Bodenumschichtung entstanden.

Kultosol = Ackerböden mit dauernder Bearbeitung und Düngung.

4.2.3.6. *Stadtumland und Belastungsreduktion*

Keine Stadt stellt ein abgeschlossenes Gebilde dar. Laufend finden Austauschvorgänge mit ihrem Umland statt. Die Struktur dieses Umlandes wirkt seinerseits auf die Stadtgestalt in vielfältiger Weise.

Die *Biome* (vgl. MÜLLER 1974, 1977), in denen die Städte liegen, erfordern „biomspezifische" Anpassungen. Regenwald-, Wüsten- oder Taiga-Städte zeigen in ihrer „Stadtgestalt" und Architektur unverkennbar Züge, die von den Naturfaktoren entscheidend geprägt wurden. Häufig sind diese Anpassungen mit sozialen Strukturen gekoppelt.

Aber auch das unmittelbare Stadtumland, die dort vorhandenen Wälder, agrarischen Ökosysteme, Brachflächen, Flüsse und Seen stehen in einer wechselseitigen Beziehung. Sie werden von der Stadt belastet, tragen letztlich aber auch zur *Belastungsreduktion* bei, da z. B. von der Stadt ausgehende Immissionen nicht auf diese beschränkt bleiben (BUCHWALD 1974, MÜLLER 1975). Unsere Böden besitzen spezifische Filterfähigkeiten. KAST (1973) berechnete

Adsorptionsvermögen und -kapazität der Böden der Bundesrepublik Deutschland für CO, SO_2 und NO_x und kam zu folgenden Zahlen:

	Emission t/a	Adsorptionsvermögen t/km²/a	Adsorptionskapazität t/a
CO	8 × 10⁶	495	123 × 10⁶
SO_2	4 × 10⁶	5200	1300 × 10⁶
NO_2	2 × 10⁶	78	19 × 10⁶

Allein in den USA gelangen jährlich 15 × 10^6 t Äthylen in die Luft. Zwei Mechanismen für den Abbau von Äthylen sind bekannt: Oxydation durch Ozon und Reaktion mit einem Stickstoffoxid unter der Einwirkung von Licht. Der Boden fungiert als eine wichtige Senke für Äthylen, und zwar durch mikrobiellen Abbau. Rechnungen ergaben, daß jährlich etwa 7 × 10^6 t Äthylen, das in die Luft gelangt ist, durch die Bodenbakterien entfernt werden. Die Filterwirkung ist vom Element und physikalischen, chemischen und biologischen Bodenfaktoren abhängig (vgl. Tab. 16).

Tab. 16: Filterwirkung eines mit einem Buchenbestand bestockten Braunerde-Waldbodens (nach MAYER *1972)*

	kg/ha (aufgerundet)								
	Na	K	Ca	Mg	Fe	Mn	N	Cl	S
Elementgehalt im Freilandniederschlag	7,6	3,8	13,1	3,5	1,0	0,3	21,5	17,2	22,2
Elementgehalt im Bestandesniederschlag	13,5	44,7	41,4	5,1	2,7	9,7	75,7	34,9	49,1
Elementgehalt im Sickerwasser des Bodens in 100 cm Meßtiefe	6,7	1,2	10,1	2,1	0,1	3,4	4,7	19,1	10,4
Filterwirkung des Bodens in %	50	97	76	59	96	65	94	45	79

Bäume und *Grünflächen* können ebenfalls zu einer z. T. erheblichen Verringerung der Schadstoff-, Staub- und Lärmbelastung, ja selbst zu einer Reduktion bzw. Festlegung radioaktiver Substanzen beitragen (vgl. Tab. 17, 18).

Die Fähigkeit, gasförmige Schadstoffe zu binden, zeigt artspezifisch erhebliche Unterschiede, die z. T. mit der Empfindlichkeit einer Art gegenüber einem bestimmten Element korreliert sind (u. a. RICH 1971). Zum Beispiel speichern Saaterbsen bis zu 1,31 % ihres Trockengewichtes an Schwefel, manche Tomatensorten um 0,5 %, Buchen bis 2,0 % S/Trockensubstanz/Blatt.

Tab. 17: Staubfilterwirkung von Wald- und Parkbäumen (nach KELLER *1971)*

Baumart	Staubmenge mg/g Blatt-Trockensubstanz	Kronengewicht (Blätter) kg/ha	Staubfang kg/ha
Buche	70	4 000	280
Eiche	90	6 000	540
Fichte	30	14 000	420
Bergkiefer	200	5 000	1000

Wesentlich höhere Anreicherungsraten sind von schwefelbindenden Mikroorganismen bekannt.

Tab. 18: Schädigungsprozente der Blätter bzw. einjähriger Nadeln nach Begasung mit F bei verschiedenen Baumarten (nach ROHMEDER *und* VON SCHÖNBORN *1965)*

Art	Schädigung in %
Eiche	0
Thuja plicata	0,5
Kulturpappel	3
Schwarzkiefer	29
Esche	31
Birke	36
Bergahorn	38
Kiefer	39
Baumweide	40
Rotbuche	41
Weißerle	52
Weymouths-Kiefer	56
Tanne	59
Abies grandis	59
Tsuga heterophylla	61
Linde	63
Douglasie	78
Fichte	78
Lärche	100

Von großer Bedeutung (vgl. Stadtklima) sind Grünflächen auch als Temperatursenke (BAUMGARTNER 1971, MÜLLER 1975). BERNATZKY (1970, 1972) konnte für Frankfurt den Nachweis erbringen, daß eine 50—100 m breite Grünfläche eine Temperaturminderung bis zu 3,5° C bewirken kann. Zur Belastungsreduktion tragen ebenfalls die Speicherkapazitäten von Tieren und

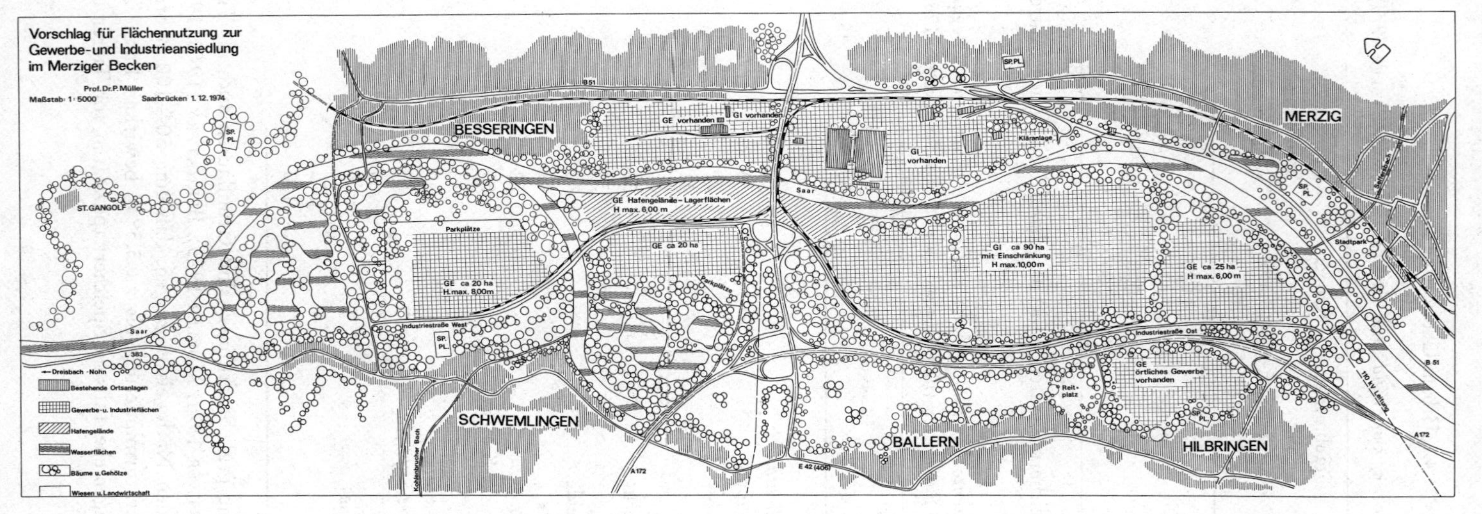

Abb. 27: Entwurf einer Schutzpflanzung im Merziger Becken (Saarland) mit Neuanlage von Wasserflächen (künstlichen Altarmen) zur Reduktion der bei einer Bebauung der Talsohle des Beckens zu erwartenden „Belastung“. Die Grünflächenplanung beruht auf den Ergebnissen von mehrmonatigen mikro- und makroklimatischen Vergleichsuntersuchungen, auf der Analyse der vertikalen Luftaustauschbewegungen (u. a. Dynamik von Kaltluftseen), auf der Erstellung eines „Lärm“- und Schwefeldioxidkatasters, der Erfassung der Wasser- und Bodenqualität und der im Raum vorhandenen Arten- und Lebensgemeinschaften. Sie stellt keine optimale Lösung aus ökologischer Sicht, sondern eine Mindestanforderung in bezug auf die Grünflächen dar, deren Flächenanspruch quantifiziert werden kann (Näheres bei MÜLLER 1975).

Pflanzen im nichttoxischen Bereich bei. Untersuchungen der letzten Jahre haben auch übereinstimmend die lärmreduzierenden Eigenschaften von Baumarten und Grünflächen quantifizieren können. Dabei hat sich gezeigt, daß weniger die Breite als vielmehr die Struktur und Artenzusammensetzung einer Schutzpflanzung für ihre Lärmreduktions-Fähigkeit verantwortlich sind. Pflanzungen mit großblättrigen Arten, abgestorbenen Nadeln oder Zweigen im Innern und gegen die Schallquelle geschlossenen Laubschirmen wirken sich am stärksten „schallsenkend" aus (AYLOR 1972, BECK 1972, COOK et al. 1971, LEONARD 1971, MEISTER 1970, MÜLLER 1972). Höchste Schallpegelreduktionen (6—10 dB) erzielen voll belaubte Pflanzen der folgenden Arten: *Philadelphus pubescens, Carpinus betulus, Fagus sylvatica, Ilex aquifolium, Quercus robur, Viburnum lantana, Tilia platyphyllos* und *Acer pseudoplatanus.*

Diese nur kurzen Hinweise sollen genügen, um zu verdeutlichen, daß Grünflächen des Stadtumlandes ökologische Funktionen für die Stadt übernehmen, die sich nicht nur in der vordergründigen „Erholungsfunktion" für den Städter erschöpfen. Gegenwärtig wird die immissionsreduzierende Wirkung von lebendigen Systemen in vielen Planungsbereichen eingesetzt (Rahmenpflanzungen, Immissionsschutzwälder; vgl. u. a. KNABE 1974, KNABE und STRAUCH 1975, MÜLLER 1972, 1975) (vgl. Abb. 27).

4.3. Ökosystem See

Wie jedes terrestrische Ökosystem, so besitzt auch ein See eine spezifische Struktur, Funktion und Geschichte. Es ist deshalb nicht verwunderlich, daß es ein Limnologe, nämlich WOLTERECK (1928) war, der erstmals am Beispiel eines Sees und dessen Fauna von „Ökologischen Gestaltsystemen" sprach und damit inhaltlich das formulierte, was später von TANSLEY (1935) auf die terminologische Form „Ökosystem" gebracht wurde.

4.3.1. Struktur und Dynamik

Obwohl scheinbar isoliert, ist ein See dennoch auf vielfältige Weise mit seiner Umgebung verknüpft (vgl. Abb. 28). Sein Wasserkreislauf wird entscheidend von seiner geographischen Lage geprägt. Deshalb ist es berechtigt, bei einer Seetypologisierung von stehenden Gewässern im Polarbereich (Oberfläche während mehrerer Monate zugefroren; wärmstes Wasser in der Tiefe), den Warmwasserseen der Tropen (bzw. Subtropen) und den Seen der gemäßigten Breiten zu sprechen. Man sollte sich aber bewußt sein, daß damit regionale Besonderheiten nicht erfaßt werden können. Niederschläge, Verdunstung und mannigfache Einflüsse ufernaher terrestrischer Systeme modifizieren ihren Wasserhaushalt. Im Vergleich zur Lithosphäre oder den Ozeanen ist jedoch die in den stehenden und fließenden Gewässern vorhandene Wassermenge relativ gering. Ungefähr 1,8 % der Festlandfläche (= 2,5 Mill. km²) werden von Seen eingenommen, wobei die flächenmäßig größten Seen der Kaspi- mit 424 300 km², der Tanganjika- mit 35 000 km² und der Baikalsee mit 33 000 km² sind.

Prozentuale Verteilung der Wassermenge in der Biosphäre:

1. Ozeane	83,51 %
2. Lithosphäre	15,45 %
3. Eis	1,007 %
4. Grundwasser	0,015 %
5. Stehende u. fließende Gewässer	0,015 %
6. Atmosphäre	0,0008 %

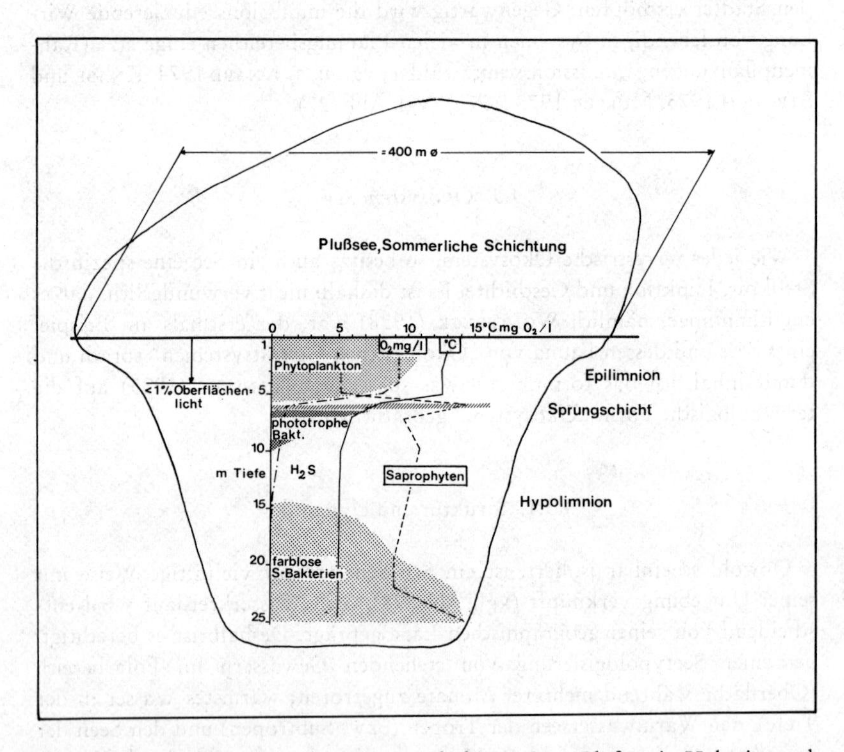

Abb. 28: Schema der Gliederung eines geschichteten Sees (Plußsee in Holstein; nach OVERBECK 1972).

Wechselnde ökologische Veränderungen in der Umgebung eines Sees (u. a. Klima) haben Auswirkungen auf den See, die u. a. zu veränderter Sedimentationsgeschwindigkeit führen können und deren Ausmaß durch See-Sedimentanalysen nachvollzogen werden kann. Strukturveränderungen des Ökosystems See müssen deshalb im Zusammenhang mit den Biomen betrachtet werden. Angaben über die in verschiedenen Jahrhunderten wechselnde winterliche Eisdecke der mitteleuropäischen Seen sind verläßliche Zeugen für die Temperaturschwankungen vergangener Zeiten. Seit dem 9. Jahrhundert besaß der Bodensee z. B. in folgenden Jahren eine geschlossene Eisdecke (nach STEUDEL 1882 und WAGNER 1964):

9. Jh.: 875, 895
10. Jh.: 928
11. Jh.: 1074, 1076
12. Jh.: 1108
13. Jh.: 1217, 1227, 1277
14. Jh.: 1323, 1325, 1378, 1379, 1383
15. Jh.: 1409, 1431, 1435, 1460, 1465, 1470, 1497
16. Jh.: 1512, 1535, 1560, 1564, 1565, 1571, 1573
17. Jh.: 1683, 1695
18. Jh.: —
19. Jh.: 1830, 1880
20. Jh.: 1963

Die spezifischen Eigenschaften des Mediums Wasser (u. a. Dichtemaximum = 3,94° C; Siedepunkt = 100° C; Dielektrizitätskonstante = 78,54; Verdampfungswärme in kcal = 545,10; Wärmeleitfähigkeit bei 25° C in cal/[cm × sec × ° C] = 0,00136) beeinflussen und bedingen die Existenz der Organismen und Biozönosen.

Mit zunehmender Temperatur und abnehmendem Druck vermindert sich gemäß dem HENRYschen Gesetz (Sättigungskonzentration eines Gases = temperaturabhängiger Löslichkeitskoeffizient × Partialdruck des Gases) die Löslichkeit eines Gases im Wasser. Mit höherer Temperatur sinkt damit der Sauerstoffgehalt eines Sees, während zugleich der Sauerstoffbedarf für die im See lebenden Wassertiere steigt. Die Ermittlung der Sauerstoffzehrung und des Sauerstoffdefizits eines Gewässers sind deshalb von entscheidender Bedeutung für die Beurteilung der Belastung eines Sees. Die Sauerstoffzehrung wird durch Messen des Sauerstoffgehaltes einer Wasserprobe bei der Entnahme und 48 Stunden danach bestimmt. Die Differenz aus beiden Werten ist die Sauerstoffzehrung. Das Sauerstoffdefizit ist der Sauerstoffehlbetrag zwischen dem tatsächlich ermittelten Sauerstoffgehalt und dem theoretischen Sauerstoffsättigungswert, der der Wassertemperatur zur Zeit der Probenentnahmen entspricht. Die vertikalen Seegradienten (hydrostatischer Druck, Temperatur, Licht und chemische Faktoren) gliedern die Wassermasse des

Sees in ein Mosaik von Raumarealen unterschiedlicher Attraktivität für Wasserorganismen. Seespezifische Verteilungsstrukturen der Organismen und Wanderungen zwischen Wasserkörpern verschiedener Qualität sind hiermit ursächlich verknüpft (GOLTERMAN 1975, HALBACH 1975). Zwei große Lebensräume lassen sich in jedem See unterscheiden: das *Pelagial* und das *Benthal.* Das Pelagial oder die Freiwasserzone wird von Organismen bewohnt, deren Entwicklungszyklen im offenen Wasser ablaufen. Dagegen sind die Benthalbewohner an den Seeboden gebunden. Die Benthalregion läßt sich untergliedern in die Uferzone oder Litoral und die Tiefenzone, das Profundal. Die Grenze zwischen Litoral und Profundal liegt in der Kompensationsebene, die dadurch gekennzeichnet werden kann, daß unterhalb dieser Ebene die meisten photoautotrophen Organismen keine positive Photosynthesebilanz mehr besitzen. Demnach gliedert die Kompensationsebene den See in eine trophogene Zone mit überwiegend photoautotropher Produktion und eine tropholytische Ebene. Die lichtdurchflutete trophogene Zone des Pelagials wird Epipelagial, seine tropholytische Zone Bathypelagial genannt. Kennzeichnend für den obersten Teil mitteleuropäischer Seen sind Röhrichtgürtel mit emersen Pflanzen (u. a. *Scirpus lacustris, Phragmites communis, Typha, Alisma*). An sie schließt sich, besonders in windgeschützten Seeteilen, ein Schwimmblattgürtel mit Nymphaceen und *Potamogeton*-Arten an, der zum Seeboden hin zunächst von submersen Wasserpflanzen (u. a. *Myriophyllum, Ceratophyllum, Elodea, Valisneria*), dann von überwiedend aus Characeen gebildeten unterseeischen Wiesen abgelöst wird. Die Lebensgemeinschaft unterhalb der Kompensationsebene eines Sees, des Profundals und des Bathypelagials, baut ihre Existenz auf der Biomasse und Produktion der Organismen im Litoral und Epipelagial auf. Die aus den Produktionsprozessen des Sees stammenden Sedimente werden im Profundal als Dy oder Gyttja abgelagert. Dy entwickelt sich in Humusgewässern (dystrophe Seen) durch intensive Zufuhr von allochthonem Material, z. B. Fallaub, während Gyttja aus feinpartikulären Organismenresten besteht und kennzeichnend ist für oligotrophe und eutrophe Seen. Nach dem Gehalt an Schwebstoffen (vor allem Huminsäuren) lassen sich die stehenden Gewässer auch in Dystrophe oder Braunwasser-Seen (hoher Huminstoffgehalt) mit geringer Sichttiefe (z. B. Moorgewässer) und in Klarwasserseen (wenig Trübungssubstanz) untergliedern.

Im Wasser gelöste Substanzen, physikalische Faktoren und die Biomasse stehen im See in komplizierten Wechselbeziehungen, die jahreszeitlichen Schwankungen unterworfen sind. Eine Definition einzelner Seetypen läßt sich deshalb umfassend nach der jeweiligen Jahresperiodik ihrer Struktur vornehmen. Die obersten Wasserschichten sind im allgemeinen ausreichend mit Sauerstoff versorgt (Epilimnion) und weisen durch die ständige Umwälzung eine gleichmäßige Temperaturschichtung auf. Im daruntergelegenen

Metalimnion (= Sprungschicht) sinkt die Temperatur rasch ab und nähert sich in der Tiefenzone der Seen (= Hypolimnion) der 4° Wassertemperaturlinie, bei der das Wasser sein höchstes spezifisches Gewicht besitzt. Diese Schichtung kann in holomiktischen Seen durch eine Frühjahrs- und Herbst-Vollzirkulation (dimiktische Seen) kurzfristig (durch Vermischung des Oberflächen- und Tiefenwassers) zerstört werden. Meromiktische Seen besitzen keine Volldurchmischung, was in vielen Fällen auf ein unterschiedliches spezifisches Gewicht der einzelnen Wasserschichten zurückgeführt werden kann.

An diese Dynamik sind pelagiale Organismen, autotrophe Algen, heterotrophe Makro- und Mikrokonsumenten ebenso gebunden wie benthale Makrophyten und die Bakterien, von denen ein erheblicher Teil der Sekundärproduktion geliefert wird (Overbeck 1972, 1974). Zur Zeit der sommerlichen Wasserschichtung wird in mitteleuropäischen Seen das im Epilimnion vorhandene Phosphat meist aufgebraucht. Eine „Regeneration“ des Phosphatspiegels aus dem phosphatreicheren Hypolimnion wird durch die Sprungschicht in kleineren Seen unterbunden und kann erst mit einsetzender Vollzirkulation im Winter nachgeliefert werden. Die Phosphatanreicherung im Hypolimnion ist darauf zurückzuführen, daß das im sauerstoffreichen Teil des Sees als kolloidales $Fe(OH)_3$ vorkommende Eisen den anorganischen Phosphor bindet und ihn durch Absinken ins sauerstoffarme Hypolimnion transportiert. Durch Reduktion des Eisens bzw. häufiger Eisensulfidbildung wird die Bindung wieder aufgehoben und der Phosphor freigesetzt. Diesen Mechanismus macht man sich bei der biologischen Gewässerreinigung dadurch zunutze, daß man durch Zusatz von Eisensalzen in der sogenannten dritten Reinigungsstufe annähernd 90 % der gelösten Phosphate aus dem Abwasser entfernt (Thomas und Rai 1970). Der Phosphatgehalt steuert entscheidend die Planktonentwicklung, und da er vom Grad der Adsorption an $Fe(OH)_3$ bestimmt wird, hängt er eng mit den Sauerstoffverhältnissen eines Sees zusammen. Im Hypolimnion, das während des ganzen Jahres ein Sauerstoffdefizit aufweist, wird bei der sommerlichen Schichtung der Sauerstoff meist völlig verbraucht. Korreliert hierzu tritt im gleichen Bereich eine verstärkte Schwefelwasserstoffproduktion auf. Da H_2S durch bakterielle Photosynthese verbraucht wird, zeigt die Schwefelwasserstoffschichtung eines Sees einen vertikalen Tag-Nacht-Rhythmus. Phosphat-, Sauerstoff- und Schwefelwasserstoffspiegel zeigen, wie entscheidend die Struktur eines Sees von Stoffwechselprozessen gesteuert wird. Die biologische Produktivität kann jedoch in den einzelnen Seen sehr unterschiedlich sein. Von außen eingetragenes Material (allochthones Material, z. B. Blattstreu eines nahegelegenen Waldes) beeinflußt die Nahrungsverhältnisse.

Durch Erhöhung des belebten Anteils im Epilimnion kann es zu einer lebhaften Abbautätigkeit der Bodenorganismen und damit zu Sauerstoffmangel und Schlammbildung, wie sie kennzeichnend sind für eutrophe Seen (gekennzeichnet durch die Zuckmücke *Chironomus*; daher *Chironomus*-Seen) kommen.

Oligotrophe Seen (gekennzeichnet durch die Zuckmücke *Tanytarsus*; daher *Tanytarsus*-Seen) besitzen dagegen eine geringere Biomassenproduktion, damit geringere Schlammablagerungen und ausreichendere Sauerstoffversorgung des Hypolimnion.

In flachen Seen ist die Gefahr der Eutrophierung durch Einleitung von Sielgewässern besonders hoch, was zum „Umkippen" eines Gewässers führen kann.

4.3.2. Bodensee

Der Bodensee war früher ein typischer *Tanytarsus*-See. Die auffälligsten Veränderungen des Bodensees in den letzten Jahrzehnten verlaufen korreliert zur Erhöhung seines Phosphatgehaltes, einer Steigerung seiner Planktonproduktion und einer durch den Abbau dieser Planktonmenge gestiegenen Sauerstoffzehrung in und unterhalb der Sprungschicht. Während der See im vorigen Jahrhundert die Aufgabe besaß, durch seinen Fischreichtum die Menschen zu ernähren, und Träger des Güter- und Personenverkehrs zwischen den Ufergemeinden war, dient er heute den Menschen aus nah und fern als Erholungsgebiet und ist zugleich der größte deutsche Trinkwasserspeicher. Während zwischen 1950 und 1970 in Baden-Württemberg die Einwohnerzahl um 38,7 % zunahm, stieg sie im unmittelbaren Bodenseegebiet um 44,3 %.

Untersuchungen über die Intensität der Produktion organischer Substanz durch das pflanzliche Plankton mittels radioaktivem Kohlenstoff ergaben, daß das Produktionsmaximum bei hellem Wetter meist in 1—2 m Tiefe lag und der größte Teil der organischen Substanz in den oberen 5 m des Sees entsteht. Die Gesamtproduktion pro Oberflächeneinheit übertrifft die Werte der oligotrophen Seen und reicht an eutrophe Seen heran. Die Winterproduktion organischer Substanzen wird durch die Zirkulation der Wassermassen gehemmt, erreichte aber z. B. im Winter 1963 unter dem Eis fast die Sommerwerte. Die gesamte Jahresproduktion an lebender Substanz beträgt im Bodensee ca. 2 Mill. t, die bei vollständigem Abbau etwa 130 000 t Sauerstoff verbrauchen (nach ELSTER; Bodenseeprojekt 1968).

Der Bodensee befindet sich augenblicklich in einem labilen Übergangsstadium zwischen einem nährstoff- und produktionsarmen oligotrophen Seetyp und einem nährstoff- und produktionsreichen eutrophen Seetyp. Seine zunehmende Verschmutzung liegt in der Belastung mit ungeklärten oder nur teilweise gereinigten Abwässern. Die Abwässer aus Haushalten, Landwirtschafts- und Industriebetrieben mit ihren Phosphat- und Stickstoffverbindungen regen die Algen zu übermäßigem Wachstum an und überdüngen das Wasser. Sterben die Algen ab, benötigen sie zu ihrer mikrobiologischen Zersetzung Sauerstoff, den sie dem Wasser entziehen. Damit tragen sie zu einer allmählichen Sauerstoffverarmung bei. Bei Sauerstoffdefizit ist jedoch die biologische Selbstreinigung eingeschränkt. Zersetzungsvorgänge im Wasser verlaufen dann anaerob, und Stoffe wie Schwefelwasserstoff, Ammoniak und Methan reichern sich an. Aus Ufergemeinden des Bodensees stammen rund 21 % von den 36 000 t sauerstoffzehrender organischer Gesamtsubstanz, an Stickstoff 9 % (17 900 t Gesamtstickstoff) und an Phosphat 20 % (1750 t Gesamtphosphor). 12 640 t Stickstoff, d. h. 74 % des Gesamtstickstoffgehaltes, sowie 650 t Phosphor (37 % des Gesamtphosphorgehaltes) der Zuflüsse entfallen auf Ausschwemmungen von Düngemitteln aus landwirtschaftlich genutzten Gebieten. Bei einem Gesamtphosphorangebot von 1750 t stammen 63 % der Abwässer aus Ufergemeinden und Zuflüssen. Vergleichen wir diese Zahlen mit dem Gütebild des Bodensees, so erscheint die geringe Wasserqualität des Sees an Flußzuflüssen, Industriestandorten und Städten verständlich (Müller 1966, Wagner 1967, Lang 1969, Lehn 1974, 1976) (vgl. Tab. 19).

Tab. 19: Durchschnittliche Ammonium-, Nitrat- und Phosphat-Konzentrationen der Bodenseezuflüsse (1962 und 1963)

	m^3/sec	Ammonium-N	Nitrat-N	Phosphat-P
Neuer u. Alter Rhein, Bregenzer Ach u. Argon	313	3,8 t/Tag 140 mg/m^3	14 t/Tag 520 mg/m^3	0,32 t/Tag 12 mg/m^3
Übrige Zuflüsse	30	1,6 t/Tag 600 mg/m^3	2,3 t/Tag 900 mg/m^3	0,39 t/Tag 150 mg/m^3
Sämtliche Zuflüsse	343	5,4 t/Tag 180 mg/m^3	16 t/Tag 550 mg/m^3	0,71 t/Tag 24 mg/m^3

Untersuchungen des durchfeuchteten Porenraumes im Ufersand des Bodensees ergaben eine weitere Verschlechterung der physikalischen, chemischen und biologischen Verhältnisse in den eutrophierten Uferpartien. Die Lebensräume des Mesopsammon im Bodensee sind aufgrund von Faulschlammbildung fast frei von Turbellarien. Individuendichte und Artenzusammensetzung der Tubificidenpopulationen sind von Wassertiefe, Intensität des Sinkstoffnachschubs, von Art und spezifischer Wirksamkeit der sedimentierbaren Stoffe abhängig. In der Uferzone bis etwa 30 m Tiefe überwiegen die Arten der Gattung *Euilyodrilus* und *Limnodrilus,* in Tiefen von 60—90 m herrscht die Art *Tubifex tubifex* vor. Mit zunehmender Sedimentation von organisch-fäulnisfähigen Stoffen verschiebt sich das Besiedlungsmaximum zur Seetiefe hin. Die *Euilyodrilus*- und *Limnodrilus*-Arten wandern um 40 m, *Tubifex tubifex* stellenweise um mehr als 100 m tiefer als ihrem artspezifischem Tiefenbezirk im Bodensee entspricht. Im Sedimentationsraum von überwiegend häuslichem Abwasser entwickeln sich in erster Linie die Arten der Gattungen *Euilyodrilus* und *Limnodrilus*, bei Zufuhr von Industrieabwässern gewinnt an den gleichen Stellen *Tubifex tubifex* den Vorrang.

Die zunehmende Eutrophierung des Bodensees wirkte sich positiv auf die Fischereierträge aus. Sie stiegen von 90 000 kg jährlich (1925) auf 340 000 kg (1968) sprunghaft an. Die Bodenseefelchen (u. a. *Coregonus wartmanni*) zeigen seit 1960 Riesenwuchs. Bereits mit zwei Jahren (vor der Laichreife) verfingen sie sich in den Stellnetzen, deren Maschenweite so gewählt war, daß früher nur vierjährige und ältere damit gefangen werden konnten. Heute hat man die Maschenweite entsprechend vergrößert. Die Vergrößerung der Fischpopulationen bewirkte eine Zunahme der „Fischfresser". Im Sommer leben etwa 1200, im Winter annähernd 9000 Haubentaucher *(Podiceps cristata)* auf dem See, deren Populationsentwicklung man durch „Massenabschuß" zu dämmen versucht. Andere Vogelarten, wie die von Characeen sich ernährenden Kolbenenten *(Netta rufina)*, die früher den Bodensee zu Tausenden zum Mausern aufsuchten, verschwanden mit den Characeen aus dem Ermatinger Becken.

4.3.3. „Alte" Seen

Die Entwicklungsgeschichte der meisten stehenden Gewässer erstreckt sich nur selten über eine längere geologische Zeitspanne. Ausnahmen stellen der Baikal-, Tanganjika-, Njassa-, Victoria-, Titicaca- und Ochridsee dar, von denen z. B. der Baikalsee seit der Kreide als abgesonderter und auch während der Glazialia immer offener Süßwassersee vorhanden war, was zur Ausbildung zahlreicher Endemiten führte (z. B. die Schwammfamilie Lubomirskiidae, die Fischfamilien Comephoridae und Cottocomephoridae, die Schnekkenfamilien Baikaliidae und Benedictiidae).

Nach Kozhov (1963) sind von den 652 im Baikalsee vorkommenden Tiergruppen 583 endemisch. Ähnlich wie Inseln oder abgeschiedene Höhlen bieten isolierte Seen als Experimentierfeld der Evolution einen Einblick in entwicklungsgeschichtliche Vorgänge. Der philippinische Lanaosee und die ostafrikanischen Seen mit ihrer artenreichen Fischfauna haben uns hier wesentliche Einsichten vermittelt (vgl. Tab. 20 und 21).

Wesentlich geringere Artenzahlen sind aus mitteleuropäischen Gewässern bekannt. Durch anthropogenen Einfluß hat sich zudem ihre Artenzusammensetzung z. T. grundlegend geändert.

Tab. 20: Artenzahl u. Endemitenreichtum von Cichliden und anderen Fischen in ost- und zentralafrikanischen Seen (nach GREENWOOD *1973)*

See	Cichliden				andere Fische			
	Arten		Genera		Arten		Genera	
	Total	endem.	Total	endem.	Total	endem.	Total	endem.
Victoria	ca. 170	ca. 164	8	4	38	17	20	1
Tanganyika	126	126	37	33	67	47	29	7
Malawi	ca. 200	ca. 196	23	20	ca. 44	28	19	0
Albert	10	5	3	0	36	3	21	0
Rudolf	ca. 7	ca. 4	3	0	32	4	22	0
Edward/George	ca. 40	ca. 38	4	0	20	2?	10	0
Nabugabo	10	5	4	0	14	0	11	0

Tab. 21: Endemitenzahl der Gastropoda und Lamellibranchia im Tanganyika- und Malawisee (nach BEADLE *1974)*

	Gastropoda				Lamellibranchia			
	Familien	Gattungen	Arten	endem.	Familien	Gattungen	Arten	endem.
Tanganyika	9	36	60	37	4	12	14	5
Malawi	6	8	19	11	3	6	12	8

4.3.4. Künstliche Seen

Weltweit wurden in den letzten Jahren zahlreiche künstliche Seen vom Menschen geschaffen (vgl. Tab. 22).

Tab. 22: Künstliche Seen in Afrika

	Breitengrad	Höhe in m	Fläche in km²	Tiefe in m	Fertigstellung
Kariba (Zambesi)	17° N	530	4300	125	1958
Volta (Volta)	7° N	92	8800	80	1964
Nasser-Nubia (Nil)	23° N	183	6000	90	1964
Kainji (Niger)	10° N	155	1250	60	1968
Kofue George (Kofue)	16° S	1000	3100	58	1974
Cabora Bassa (Zambesi)	16° S	200	2700	157	1974

In der Bundesrepublik stieg der Anteil der künstlichen Seen an der Gesamtfläche von 1,5 % (1935) auf 1,7 % (1974) an.

4.3.5. Verwandtschaft und Geschichte der Seen

Die verwandtschaftlichen Beziehungen der Limnofauna und -flora führen entsprechend ihrer ökologischen Bindungen und der Geschichte ihres Lebensraumes oftmals zu anderen regionalen biogeographischen Gliederungsvorschlägen als bei terrestrischen Organismen (vgl. u. a. BANARESCU 1967, 1969, ILLIES 1967, THIENEMANN 1950). Während zahlreiche Seebewohner weltweit vorkommen, sind andere auf einzelne Seen und Seetypen beschränkt und weisen ein Insel-Verbreitungsmuster auf (u. a. die Fische *Salmothymus ochridanus ochridanus* und *Phoxinellus minutus* sind Endemiten des Ochridsees, die Barbe *Barbus albanicus* kommt nur im Janinasee vor). Ein Vertreter des Phytoplanktons, *Aphanizomenon flosaquae*, ist als Kosmopolit anzusprechen, eine nahe verwandte Art *A. gracile* wurde bisher nur in Nord-, Mittel- und Osteuropa gefunden. Hinzu kommen jahreszeitliche Laichwanderungen von Seetieren zum Land und vice versa. Sumpfschildkröten *(Emys orbicularis)* erscheinen zum Eierlegen am festen Ufer, während die mitteleuropäischen Anuren und Molcharten *(Triturus)* zum Laichen die stehenden Gewässer aufsuchen.

Jahreszeitenabhängige Schwankungen in der Präsenz der einzelnen Arten (Frühjahrstiere, Herbsttiere u. a.), des phänotypischen Erscheinungsbildes einzelner Populationen (u. a. Zyklomorphosen) und der vertikalen und horizontalen Verbreitung einzelner Individuen und Arten innerhalb eines Sees erschweren zusätzlich eine allgemeingültige Gliederung. Hinzu kommt, daß mehrere Seen im Verlauf ihrer Entwicklung marine Stadien durchliefen oder zumindest Kontakt mit marinen Ökosystemen besaßen (z. B. der Kaspisee). Das gilt vermutlich auch für den Nicaraguasee Mittelamerikas, den einzigen Süßwassersee, in dem Haie leben.

Eine sehr wechselvolle Geschichte mit alternierenden limnischen und marinen Stadien durchlief die *Ostsee.* Ihre postglazialen Entwicklungsphasen werden durch einen Wechsel von Süß- und Salzwasserbedingungen gekennzeichnet und im frühen Postglazial eingeleitet durch einen Eisrandsee, der sich südlich der skandinavischen Eiskalotte aus Schmelzwasser bildete und sich mit Zurückweichen des Eises nach Norden bis zur Größe der heutigen Ostsee ausdehnte. Zwischen 14 000 und 8000 v. Chr. entwickelten sich analoge Eisrandseen südlich der Eiskalotten im Bereich der gesamten Holarktis (MAGAARD und RHEINHEIMER 1974, THIENEMANN 1928, 1950, SEGERSTRALE 1957, MÜLLER 1974). Die Besiedlung der nordamerikanischen Eisstauseen erfolgte teilweise von Ostsibirien aus. Die nordamerikanischen Eisstauseen reichten vom St.-Lorenz-Strom bis zum Fuß der Rocky Mountains (Saskatchewan). Im Bereich der Ostsee wurde durch weiteres Zurückweichen des südlichen Eisrandes über den Vänern-, Vättern- und Mälarensee hinweg ein Paß freigegeben, durch den das Süßwasser zum Meer hin abfloß, der Seespiegel auf Meeresniveau gesenkt wurde und zusätzlich eine direkte marine Verbindung über die zentralschwedischen Seen zustande kam, wodurch der Eisrandsee von 7500—7000 v. Chr. zu einem Nebenmeer wurde, das nach seinem marinen Leitfossil *Yoldia* (heute: *Portlandia*) *arctica Yoldia*-Meer bezeichnet wird. Durch weitere isostatische Hebung Skandinaviens wurde die marine Verbindung wieder unterbrochen und es bildete sich erneut ein großer Süßwassersee, der von 7000—5000 v. Chr. persistierte und nach seinem Leitfossil *Ancylus fluviatilis*, der Mützenschnecke, die in Mitteleuropa in noch wenig belasteten Bächen der Forellenregion vorkommt, als *Ancylus*-See bezeichnet wird (vgl. Abb. 29).

Eine anhaltende Landsenkung zwischen Jütland und Südschweden, in deren Verlauf die Belte und der Öresund durchbrachen, schuf eine bis heute vorhandene Verbindung mit der Nordsee, und die Ostsee erhielt wieder ein salzhaltiges Wasser. Der Salzgehalt lag zunächst höher als rezent, und nach dem Leitfossil, der Schnecke *Litorina litorea*, wird dieses Ostseestadium als *Litorina*-Meer (Klimaoptimum) bezeichnet. Während *Litorina litorea* gegenwärtig auf die westliche Ostsee beschränkt ist, dringen Süßwassertiere wieder in das Brackwasser der mittleren und östlichen Ostsee vor. Nach der vom Süßwasser her eingewanderten Schnecke *Radix peregra* (früher *Lymnea ovata baltica*) wird das heutige Ostseestadium *Lymnea*-Meer genannt (SEGERSTRALE 1954).

Die Geschichte der Ostsee, die historischen Entwicklungen von zahlreichen kleineren binnenländischen Seen und deren gegenwärtige saisonale Schwankungen griffen und greifen tief ein in Nahrungszyklen, Nahrungsketten, Energiekreisläufe, Produktion und Regelmechanismen und steuern damit ein Phänomen, das den Biogeographen besonders interessiert, nämlich die Verteilungsmuster limnischer Organismen in Raum und Zeit. Das Ökosystem „See“ verdeutlicht damit zugleich, ähnlich wie auch die terrestrischen Ökosysteme, daß wir zur Kenntnis kausaler Zusammenhänge, ohne den Blick auf das Ganze (den See und seine Struktur) zu verlieren, methodisch faßbare Teileinheiten herausgreifen und analysieren müssen. Aus der Kenntnis solcher mosaikartig zusammensetzbarer Teilantworten kann erst Struktur und Funktion von Arealen und limnischen Ökosystemen befriedigend in ihrem inneren Zusammenhang begriffen werden.

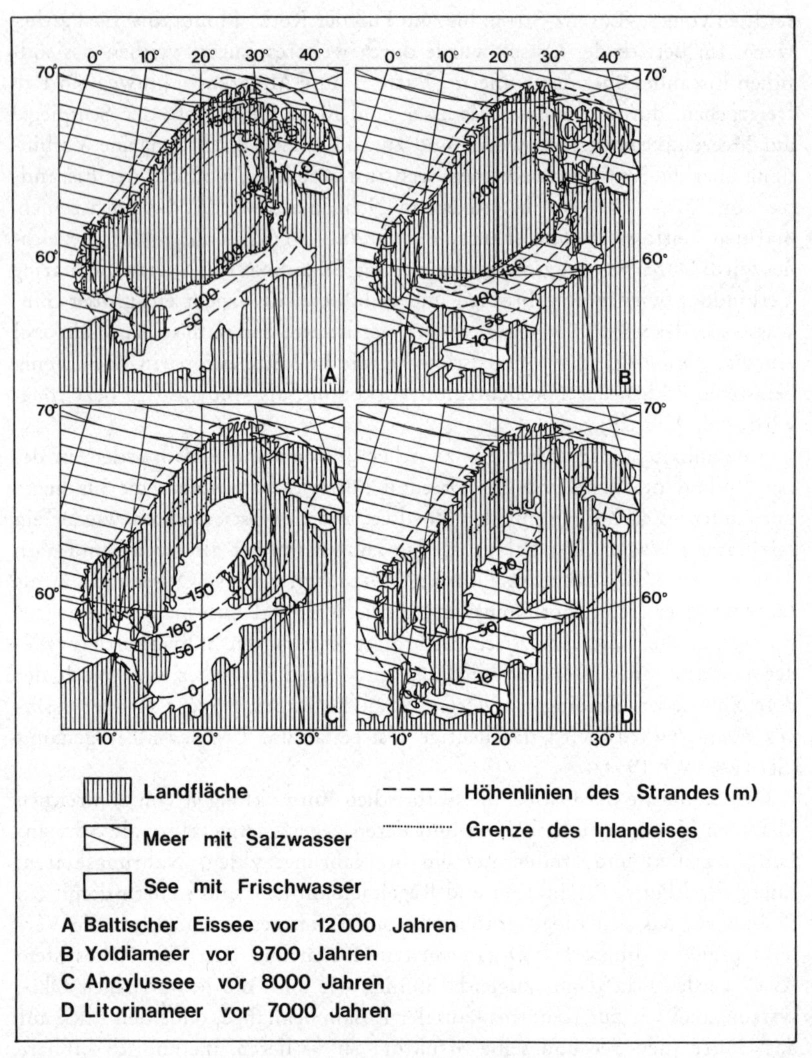

Abb. 29: Vier wichtige postglaziale Entwicklungsstadien der Ostsee, die durch „Leitarten" gekennzeichnet werden können.

4.4. Fließwasser-Ökosysteme

Fließgewässer sind Durchlaufsysteme, deren Funktion unter natürlichen Bedingungen von ihrer tages- und jahreszeitlich wechselnden Struktur (u. a. Strömungsgeschwindigkeit, Wasserkörpervolumen, Temperatur, Sauerstoffhaushalt, Schwebstoffführung, geologisches und pedologisches Substrat) geprägt wird und deren Geschichte eng mit der Entwicklung der Landschaften, die sie durchfließen, verknüpft ist. Die Wechselbeziehungen zwischen Fließgewässern und umgebendem Festland sind so eng und vielgestaltig, daß genaue Voraussagen über das zukünftige Erscheinungsbild eines Flusses oder Baches oft nur mit multivariaten Rechenmodellen möglich sind (u. a. HERRMANN 1972, WHITTON 1975), die sowohl die Erosionsfähigkeit des Flusses, seinen Abfluß, in seinem Einzugsbereich fallende Niederschläge, die vorhandenen Grundwasservorräte, unterschiedliche Nutzungsformen und die Vegetation im Uferbereich berücksichtigen müssen. Durch wechselnde Abtragung und Ablagerung gestaltet das Fließgewässer die Landschaft, bildet unterschiedlich geformte Täler und schiebt in den Ästuarien, den oftmals breiten Mündungsdeltas, die Landgrenze weit ins Meer vor. Fließgewässer verbinden und gestalten unterschiedliche terrestrische Ökosysteme und fördern damit energetische Austauschvorgänge. Sie können auch als Endglieder im Wirkungsgefüge von Landschaften angesehen werden, das „Flußwasser stellt sozusagen das Exkret einer Landschaft dar" (SIOLI 1968). Von den in ihm enthaltenen Stoffen lassen sich quantitative Rückschlüsse auf viele Vorgänge im Geschehen der Landschaften ziehen.

4.4.1. Der Amazonas

Greifen wir als Beispiel den wasserreichsten Strom der Erde, den mit seinem Ucayali–Apurimac-Quellsystem 6571 km langen Amazonas und seine Nebenflüsse heraus, so lassen sich die engen Wechselbeziehungen zwischen Wasser und Land hier ebenso verdeutlichen wie am Beispiel des Rheins oder der Saar. Das Einzugsgebiet des zweitlängsten Stromes der Erde beträgt 7 050 000 km². Seine durchschnittliche Abflußmenge wird im Mündungsgebiet auf 218 000 m³/sec geschätzt, was 18 % der Wassermenge ausmacht, die alle Fließgewässer den Ozeanen zuführen. Seine mitgeführte Schwebstoffmenge entspricht im Jahr etwa 690×10^{12} t.

Nach ihrer chemisch-physikalischen Fracht lassen sich drei Fließgewässertypen in Amazonien unterscheiden:

a) Weißwasser (Agua branca) mit lehmgelbem, trübem Wasser mit Sichttiefen zwischen 10 und 50 cm (Beispiel: Rio Solimões);
b) Klarwasser mit klarem und transparentem Wasser von gelbgrüner Färbung und Sichttiefen zwischen 60 cm und 4 m (Beispiel: Rio Tapajoz);
c) Schwarzwasser (Agua preta) mit transparentem, braun bis rotbraun gefärbtem Wasser, dessen Sichttiefen zwischen 1 und 1,5 m variieren (Beispiel: Rio Negro).

Der Gewässerchemismus dieser Flußtypen beruht einerseits auf den unterschiedlichen geologisch-mineralogischen, klimatischen und auch topographischen Verhältnissen ihrer Quell- und Einzugsgebiete, andererseits muß er im Zusammenhang mit der Genese der großen südamerikanischen Landschaften gesehen werden. Während die Quellgebiete der Weißwasserflüsse (u. a. Rio Madeira, Rio Solimões, Rio Purus) im andinen Gebirgssystem und anderen jungen Gebirgen bzw. Aufschüttungsebenen liegen, entspringen die Schwarzwasserflüsse in den mit Regenwäldern bedeckten, ausgedehnten Podsolgebieten. Elektrolytarme, huminsäurereiche Schwarzwasserflüsse sind außerhalb von Südamerika auch aus Sarawak, dem Kongogebiet und Malaya beschrieben worden. Wegen der Elektrolytarmut der zentral-amazonischen Fließgewässer ist es nicht verwunderlich, daß sie zugleich nur durch eine geringe Biomassenproduktion gekennzeichnet werden können. Die bisher vorliegenden Werte variieren sehr stark zwischen den von Schwarz- und Weißwasser geprägten Flußsystemen. Trotz der relativ guten Nährstoffbedingungen des strömenden Weißwassers ist die Primärproduktion des Phytoplanktons wegen der schlechten Lichtverhältnisse gering. Potamoplankton kann sich nur dort halten, wo die Fließgeschwindigkeit des Flusses erheblich geringer ist als die Vermehrungsgeschwindigkeit der Plankter. Für die elektrolytarmen Gewässer ist es deshalb notwendig, daß ein Energie- und Stofftransport zwischen limnischen und terrestrischen Ökosystemen erfolgt. Überschwemmungen, allochthones Pflanzenmaterial und semiterrestrische Räuber, die sich von Landtieren ernähren können (z. B. Krokodile), übernehmen zum Teil diese Funktionen. Die Klarwasserflüsse kommen in der Regel aus Räumen mit einer geologisch alten Erdoberfläche, sowie ruhigem und stabilem Relief. Die Geschichte des Amazonas ist zum Verständnis der gegenwärtigen Zusammenhänge eine notwendige Voraussetzung. Marine Faziesabfolgen zeigen, daß vom Silur bis Oberdevon das heutige Amazonasbecken vom Meer eingenommen wurde. Epirogene Bewegungen verursachten zwischen Oberdevon und Unterkarbon die Bildung von Schwellen, die das ursprünglich einheitliche Meeresbecken in mehrere Teilbecken zerlegten (LUDWIG 1966).

Mesozoische Flußsysteme Westamazoniens entwässerten zum Pazifik, da die Anden erst im Miozän gehoben wurden. Durch diese Hebung wurde der westliche Abfluß blockiert, und es entwickelte sich ein gewaltiger Süßwassersee, dessen bis 300 m mächtige, sandiglehmige Sedimente bis ins Pleistozän verfolgt werden können. Nach Norden bestand zeitweise ein mariner Kontakt zum Karibischen Meer. Das heutige Mündungsgebiet des Amazonas zeigt eine wechselvolle Geschichte mariner, terrestrischer und lakustrischer Ablagerungen (LUDWIG 1966, 1968). Erst im Pleistozän öffneten sich die tertiären amazonischen Binnenseen nach Osten. Auf dem trockengefallenen Seegrund, der heutigen Terra firme Amazoniens, konnten Regenwälder, die in der Gegenwart die Physiognomie Amazoniens bestimmen, zusammen mit offenen Campo-Cerrado-Formationen einwandern (MÜLLER 1973). Erst seit dieser

Zeit erodiert der wasserreichste Strom der Erde in seinem gegenwärtigen „Strombett". Die Geschichte des Amazonasbeckens ist aber nicht nur die Geschichte des Amazonas, sie verdeutlicht zugleich durch ihre faziellen und geotektonischen Verhältnisse im Altpaläozoikum und Unterkarbon, daß im eigentlichen Becken z. B. Erdöllagerstätten wirtschaftlichen Ausmaßes kaum zu erwarten sind und daß viele vorhandene Böden durch Auswaschungsvorgänge nährstoffarm sein müssen.

4.4.2. Rhein und Saar

Auch eine Untersuchung mitteleuropäischer Flußsysteme zeigt, wie stark Geschichte und naturräumliche Landschaftselemente ihr gegenwärtiges Bild bestimmen. Der 1320 km lange Rhein, mit seinem im Vergleich zum Amazonas winzigen Einzugsgebiet von 225 000 km², durchquert auf seinem Lauf vom St. Gotthard bis zur Nordsee unterschiedliche Landschaften. Die nach ihrer Entstehung, Hydrographie und ihren Landschaftsbildern sehr verschiedenartigen Stromteile wuchsen erst im Pleistozän zusammen. Während im ausgehenden Würm die Nordsee eustatisch trockenfiel, war die Themse ein Nebenfluß des Rheins. Die Geschichte der nur 242 km langen Saar (7421 km² großes Einzugsgebiet) beginnt ebenfalls erst im mittleren Tertiär. Bis gegen Ende der Kreide prägen marine Ablagerungen weite Teile des Raumes, durch den heute die Saar fließt. Sie wurde als Fließgewässer erst auf einer oligo-miozänen Verebnungsfläche, die durch tektonische Bewegungen ein südsüdöstlich–nordnordwestliches Gefälle erhielt, angelegt. Reste dieser Fläche sind noch in der Gegend von Orscholz erhalten. Erst im Pliozän fand eine bedeutende Tiefenerosion des Flusses statt, die auch im Quartär anhielt und zur Ausbildung mehrerer Terrassen führte. Die auf dem höchsten Gipfel der Buntsandsteinvogesen (Donon 1009 m) entspringende Saar, deren beide Quellflüsse sich bei Hermelange vereinigen, durchquert bei ihrem Lauf bis zur Mündung in die Mosel unterschiedliche geologische Formationen und naturräumliche Einheiten, die ihren Gewässerchemismus, ihren Sauerstoffhaushalt, ihre Fließrichtung und Strömungsgeschwindigkeit entscheidend prägen.

4.4.3. Biogeographische Fließgewässergliederung

Obwohl Fließgewässer durch — wie uns die Beispiele Amazonas, Rhein und Saar zeigten — teilweise recht junge geologische Entwicklung und große jahreszeitliche Strukturveränderungen gekennzeichnet sein können, weisen sie von ihrer Quelle bis zur Mündung im allgemeinen eine deutliche Zonierung mit charakteristischen Lebensgemeinschaften auf. Trotz Driftverlusten erhalten sich diese Biozönosen in einzelnen Flußabschnitten. Sie erlauben damit eine regionale Gliederung und Klassifikation der Fließgewässer.

An ihrer Entstehungsstelle besitzen Fließgewässer eine bezeichnende Quellfauna und -flora, die sich aus feuchtigkeitsliebenden Land- und Wasserorganismen zusammensetzt. Kiemenschnecken der Gattung *Bythinella*, die an gleichmäßige Temperaturen unter 8° C gebunden sind, kommen in mitteleuropäischen Quellen vor und bilden hier eine charakteristische *Bythinella*-Lebensgemeinschaft. Quellflurgesellschaften (Cardamino-Montion) entwikkeln sich nicht nur in Gebirgen, sondern überall dort, wo Sickerwässer an geneigten Hängen und Mulden austreten. Für die Ausbildung dieser Pflanzengesellschaften ist die Säurereaktion des Quellwassers bedeutsam. Charakteristische Arten für Silikatquellfluren sind die Moose *Philonotis fontana* und *Mniobryum albicans,* während in Kalkquellfluren die kalkliebenden Moose *Philonotis calcarea* und *Cratoneuron commutatum,* das Fettkraut *(Pinguicula vulgaris)* und die Riedgräser *Carex davalliana* und *Carex pulicaris* u. a. auftreten.

Nach der Art des Quellaustritts lassen sich Rheokrenen (= Wasser strömt von der Quelle sofort ab), Limnokrenen (= Wasser strömt zuerst in ein Überlaufbecken) und Helokrenen (= Wasser tritt in einer Sumpfstelle zutage) unterscheiden.

Im Gegensatz zum Oberlauf (Rhithral), der durch an hohe Strömungsgeschwindigkeiten adaptierte Arten beschrieben werden kann, kommen im Unterlauf (Potamal) Arten vor, die an größere Temperaturschwankungen und geringe Strömung angepaßt sind. Nach ihrer kennzeichnenden Fischfauna, Jahrestemperaturamplitude und Stromsohlenstruktur können mitteleuropäische Bäche und Flüsse in mindestens vier Regionen eingeteilt und durch Leitarten gekennzeichnet werden. Die oberste Bachregion, die Forellenregion (mit *Trutta fario*), wird auf kiesig-steinigem Untergrund durch klares und während des ganzen Jahres gleichmäßig kühles, sauerstoffreiches und oligotrophes Wasser gekennzeichnet. An sie schließt sich die Äschenregion (mit *Thymallus thymallus*) an, mit im allgemeinen wärmerem Wasser und zum Teil sandigem Bachgrund. In der Barbenregion (mit *Barbus barbus*), gekennzeichnet durch schnellfließende Flußläufe, ist das Wasser durch den sandigen und mit Schlamm vermengten Untergrund bereits getrübt. Die Barbenregion geht in den Niederungsflüssen mit schwacher Strömung und schlammigem Untergrund in die Brachsenregion (mit *Abramis brama*) über. Die hier vorkommenden Arten sind an trübes, sauerstoffarmes und wärmeres Wasser angepaßt (vgl. Tab. 23).

Vergleichende Untersuchungen haben gezeigt, daß die Ausdehnung des Rhithrals und des Potamals von der Höhenlage und der geographischen Breite eines Gebiets abhängt. Bei gleicher Höhenlage nimmt von den Polargebieten zu den Tropen die Fläche des Rhithrals ab und die des Potamals zu

Tab. 23: Fluß-(bzw. Bach-)Regionen (nach SCHWOERBEL *1971)*

Krenal	=		Quellzone	Quellfauna
Rhithral	=		Gebirgsbachzone	Salmonidenregion
Epirhithral	=	obere	Gebirgsbachzone	obere Forellenregion
Metarhithral	=	mittlere	Gebirgsbachzone	untere Forellenregion
Hyporhithral	=	untere	Gebirgsbachzone	Äschenregion
Potamal	=		Tieflandsflußzone	Barbenregion
Epipotamal	=	obere	Tieflandsflußzone	
Metapotamal	=	mittlere	Tieflandsflußzone	Brachsenregion
Hypopotamal	=	untere	Tieflandsflußzone	Kaulbarsch-Flunder-Region

(ILLIES 1961, SCHWOERBEL 1971). Die gleiche Verschiebung der Zonen ist in einem Gebirge von der Hochfläche bis zur Ebene zu erkennen. Durch Staumaßnahmen kann es zur künstlichen Schaffung rhithraler bzw. potamaler Bedingungen in einem Fluß kommen. So lassen sich z. B. gegenwärtig in der Saar deutlich sieben Stufen kennzeichnen:

a) Rhithral von der Quelle bis Hermelange,
b) Rhithral von Hermelange bis Saargemünd,
c) Potamal von Saargemünd bis Ensdorf,
d) Rhithral von Ensdorf bis Merzig,
e) Potamal von Merzig bis Mettlach,
f) Rhithral von Mettlach bis zum Beginn des Moselrückstaus der Moselstufe bei Trier,
g) Potamal bei Konz.

Auch bei anderen Tierarten, wie etwa bei den Strudelwürmern und Mollusken, läßt sich in mitteleuropäischen Bächen und Flüssen eine entsprechende Verbreitung nachweisen (vgl. u. a. GIESEN-HILDEBRAND 1975). So ist *Crenobia alpina* kennzeichnend für den Oberlauf, *Polycelis cornuta* für den Mittellauf und *Dugesia gonocephala* für den Unterlauf von Fließgewässern. Auch Vogelarten sind an bestimmte Fließgewässertypen gebunden. An den Forellengewässern Europas und Nordamerikas leben die Wasseramseln *Cinclus cinclus* und *Cinclus mexicanus*. Ein naher Verwandter *Cinclus leucocephalus* kommt in und an den andinen Bach- und Flußläufen von Venezuela bis Bolivien vor.

Die höhere Vegetation zeigt ebenfalls eine flußregionenabhängige Verteilung. Für stark strömende Gebirgsbäche ist das Quellmoos *Fontinalis antipyretica* bezeichnend. Die Art tritt auch in sauerstoffreichen Seen auf, doch zeichnen sich die einzelnen Individuen durch standortspezifische Unterschiede in der Zugfestigkeit aus. Die Reißfestigkeit der Bachform beträgt, bedingt durch eine Verstärkung der Epidermis, 535/g/mm², die der Seeform 350 g/

mm^2. *Potamogeton*-Arten dominieren im Potamal. Für tropische Gebirge sind die Podostemonacease (Amerika, Afrika, Asien) und die Hydrostachyaceae (Capensis, Madagaskar) charakteristisch, die auffallende Konvergenzen als Anpassung an hohe Strömungsgeschwindigkeit ausbildeten. Beide Pflanzengruppen besitzen keine Interzellulare. Die Samen der Podostemonaceae quellen im Wasser rasch auf und widerstehen der Strömung, festgehaftet am Substrat.

Diese Beispiele verdeutlichen, daß sich je nach zoo- oder vegetationsgeographischer Zugehörigkeit eines Flußsystems häufig seine genetische Struktur ändert, die Herausforderungen des Lebensraumes jedoch weltweit zur Ausbildung ähnlicher Ökotypen geführt haben.

Die Fließwasserökosysteme sind nicht nur aufs engste mit terrestrischen Ökosystemen verzahnt, sondern stehen in den Ästuarien mit den marinen Ökosystemen in ständigem Stoff- und Energieaustausch. In den Flußmündungen bilden sich spezifische Lebensgemeinschaften, deren Rhythmus von den Gezeiten des Meeres und zahlreichen Wassereigenschaften der Flüsse abhängen (vgl. u. a. McLusky 1971). Euryöke Süß- und Meereswassertiere leben neben Arten, die an die Salinität dieser Zone optimal angepaßt sind. Nach dem jeweiligen Salzgehalt lassen sich verschiedene Übergangsstufen kennzeichnen.

Zone	Salzgehalt (‰ NaCl)
Hyperhaline Zone	> 40
Euhaline Zone	40—30
Mixohaline Zone	(40) 30— 0,5
Mixoeuhalin	> 30, aber < im angrenzenden Meer
Mixopolyhalin	30—18
Mixomesohalin	18— 5
Mixooligohalin	5— 0,5
Limnische Zone	< 0,5

Die Sauerstoffversorgung ist in Bodennähe reduziert. Die eigentliche Ästuarienfauna baut sich auf Nahrungsketten auf, die im allgemeinen ihre Existenz auf Detritusfresser gründen. Unter den Turbellarien sind *Procerodes ulvae*, unter den Coelenteraten *Cordylophora caspia* und unter den Anneliden *Nereis diversicolor* und *Nereis virens* typische europäische Ästuarienarten, und zahlreiche Mollusken (u. a. *Sphaeroma*) und Fische (u. a. *Platichthyes flesus, Gasterosteus aculeatus*) werden in Ästuarien regelmäßig angetroffen. Ästuarien besitzen eine junge Geschichte. Sie wurden entscheidend von den eustatischen Meeresspiegelschwankungen des Pleistozäns geprägt.

Über die Ästuarien können ursprünglich marine Arten ins Süßwasser einwandern. Ob die zahlreichen marinen Elemente der Wasserfauna Amazoniens diesen Weg wählten oder Relikte aus der marinen Vergangenheit des

Flußsystems sind, läßt sich nur über die Fossilgeschichte klären. Auffallend sind in den amazonischen Gewässern die Süßwasserdelphine und die Stachelrochen, da sie zu überwiegend marinen Verwandtschaftskreisen gehören. Die ursprünglichen Flußdelphine (Platanistoidea) nehmen unter den Zahnwalen eine Sonderstellung ein. Die Familie Iniidae, zu der der Amazonasdelphin *Inia geoffrensis* gehört, kommt in einer weiteren Art, dem chinesischen Flußdelphin *Lipotes vexillifer*, nur im Tung-Ting-See in Mittelchina (Provinz Hunan) vor.

Die im La-Plata-System lebenden La-Plata-Flußdelphine gehören zu einer weiteren Familie (Stenodelphidae; eine Art *Stenodelphis blainvillei)*, die jedoch auch im Brack- und Meerwasser vorkommt. Die dritte Familie der Flußdelphine repräsentieren die Ganges-Delphine (Platanistoidee) mit dem im Ganges und Indus existierenden Ganges-Delphin *(Platanista gangetica)*. Neben *Inia geoffrensis* kommt im Amazonas eine weitere Delphinart vor, *Sotalia fluviatilis*, deren nächste Verwandte (z. B. *Sotalia guianensis*) allerdings im Litoralbereich des Meeres lebt.

4.4.4. Fließgewässerbelastung

Standortvorteile und die Benutzung der Fließgewässer als billige Transport- und sichere Erschließungswege führten dazu, daß seit Ende des 18. Jahrhunderts Flußtäler die bevorzugten Energieachsen der Industrienationen wurden. Straßenführung und Eisenbahn benutzten die naturräumlich vorgezeichnete Trasse. Die Möglichkeit, Brauchwasser zu entnehmen und Abwasser einzuleiten, entschied die Standortfrage von Großindustrien bis zu den heutigen Kernkraftwerken. Die daraus entstehende Belastung der Fließgewässer hat zu einem Auslöschen der ursprünglichen Biozönosen, einer weitgehenden Veränderung in der Artenzusammensetzung und (oder) dem Auftreten völlig neuer Arten und Lebensgemeinschaften geführt. In Fließgewässern, die bereits seit der Jahrhundertwende planmäßig untersucht wurden, läßt sich diese Entwicklung besonders gut verfolgen. Als Beispiele sollen die Veränderungen des Makrobenthos des Rheines und der Saar betrachtet werden (vgl. Tab. 24a und b).

Manche der heute in der Saar vorkommenden Arten verdanken ihre Existenz dem Menschen. Das gilt für die Wandermuschel *Dreissena polymorpha* und die Garnele *Atyaephyra desmaresti*, die wahrscheinlich den zwischen 1838 bis 1853 gebauten 311 km langen Rhein-Marne-Kanal und den Saar-Kohle-Kanal (1862—1866) als Einwanderungswege benutzten. Ihr gegenwärtiges Verbreitungsbild in der Saar wird jedoch entscheidend durch die chemisch-physikalische Belastung dieses Fließgewässers bestimmt (vgl. Abb. 30, 31, 32, 33).

Tab. 24a: Veränderungen des Makrobenthos im Mittel- und Oberrhein[1] von 1917 bis 1971 (nach KINZELBACH *1972)*

	1917	1957	1971
Porifera	5	2	1
Coelenterata	5	—	1
Turbellaria	?	?	2
Annelida	7	11	5
Crustacea	3	3	5
Insecta	39	10	3
Mollusca	20	14	9
Bryozoa	3	1	—
Total	82	41	26

[1] Für die makrophytische Wasservegetation des Rheins vgl. KRAUSE 1971.

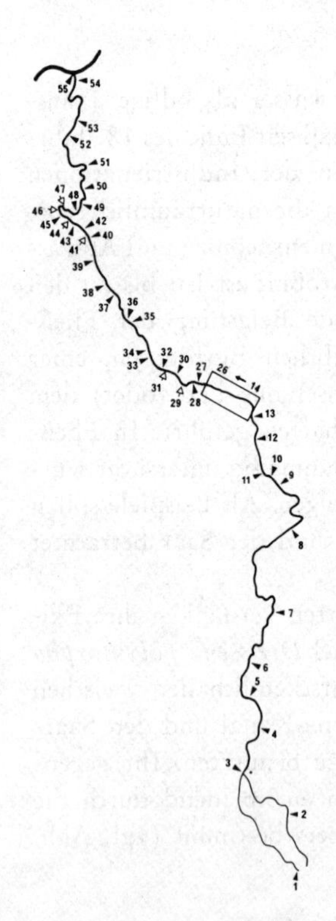

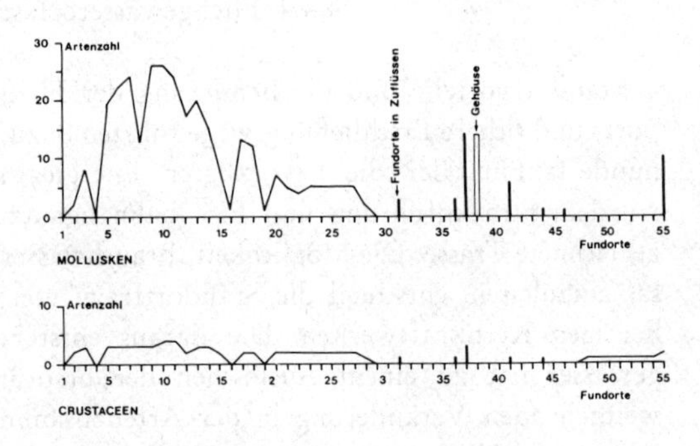

Abb. 30: Lage von 55 Daueruntersuchungsflächen in der Saar (links) und Artenzahl von Mollusken und Crustaceen an diesen Standorten (rechts). Stelle 28 markiert die Einleitung der Rossel in die Saar, was zur Auslöschung der Molluskenpopulationen führt (nach SCHÄFER und MÜLLER 1976).

Tab. 24b: Vergleich der Verbreitung von 32 Mollusken, die von 1907—1914 (○), 1971—1974 (ϕ) und sowohl 1907—1914 als auch 1974 (●) in der Saar nachgewiesen werden konnten (nach SCHÄFER *1975)*

	Saarbrücken St. Johann	Wallerfangen	Dillingen	Fremersdorf	Merzig	Besseringen	Montclair Dreisbach	Oberwelles, Niederwelles	Saarhölzbach	Saarburg	Konz
	1	2	3	4	5	6	7	8	9	10	11
Viviparus viviparus	●				○						
Valvata piscinalis	○										
Bithynia tentaculata	●				○					○	
Physa acuta	ϕ										
Radix auricularia	○				○		○			○	
Radix peregra	●		○		○						
Lymnea stagnalis	○				○		○			○	
Aplexa hypnorum	○										
Galba truncatula	○		○						○		
Galba palustris	○										
Planorbis planorbis	○		○								○
Pl. carinatus	○		○								
Anisus leucostomus	○										
Bathomphalus contortus	○										○
Gyraulus albus	○		○								
Armiger crista	○										
Segmentina nitida	○										
Planorbarius corneus	●										
Ancylus fluviatilis	●								○		
Acroloxus lacustris	●				○						
Unio pictorum	ϕ	○		○			○			○	
Unio crassus	○			○		○	○	○			
Unio tumidus	ϕ	○		○			○	○		○	
Anodonta cygnea	●			○			○	○			
Sphaerium lacustre	●										○
Pseudanodonta elongata	○										
Pisidium supinum	○										
P. obtusale	○										
P. casertanum	○										
Dreissena polymorpha	●										

Die Emissionskataster unserer Flüsse verdeutlichen, daß eine Anzahl hochtoxischer Stoffe, Schlammfrachten und thermale Einleiter (u. a. Kraftwerke) ein Belastungsmosaik erzeugen, dem die ursprünglichen Lebensgemeinschaften weichen müssen. Neben Sulfaten und Chloriden müssen besonders Pflanzenschutzmittel und Schwermetalle (FÖRSTNER und MÜLLER 1974) hier erwähnt werden. Nach ihren toxischen Wirkungen lassen sich drei Giftgruppen unterscheiden:

a) Konzentrationsgifte, deren Wirkung proportional zur Dosis zunimmt,
b) Kumulationsgifte, die im Organismus gespeichert werden und ab einer bestimmten Menge wirksam werden (u. a. chlorierte Kohlenwasserstoffe, organische Phosphatverbindungen, Dinitroverbindungen, organische Schwermetallverbindungen), und
c) Summationsgifte, die zwar vom Organismus abgebaut oder ausgeschieden werden können (u. a. Cumarinderivate, Nikotin), jedoch in geringen Mengen schon irreversible Schädigungen hervorrufen.

Ein besonders gut auf seine Toxizität untersuchter chlorierter Kohlenwasserstoff ist das Endosulfan. GREVE und VERSCHUUREN (1967) stellten bei Untersuchungen über die Rheinkatastrophe fest, daß Endosulfan im Uferschlamm absorbiert mitgeführt wird. Fischtoxizitätsuntersuchungen im Labor zeigten, daß der Giftkonzentrationswert, bei dem 50 % der Versuchstiere eine definierte Zeit überleben (BAUER 1961), von der Wassertemperatur abhängig ist (vgl. REICHENBACH-KLINKE 1974). Bei geringer Steigerung der Endosulfatkonzentration steigt die Toxizität sprunghaft an. Da limnische Organismen auch als „Fangsubstrat“ für Schadstoffe dienen können, sind Arten aus unterschiedlich belasteten Gewässern meist auch durch eine mit dem jeweiligen Lebensraum vergleichbare Konzentration von Schadstoffen in ihrem Gewebe gekennzeichnet (vgl. Tab. 25).

Tab. 25: Hg-Gehalt (in ppm) in Fischen verschiedener Herkunft (nach REICHENBACH-KLINKE *1974)*

Fließgewässer	Forelle	Aal	Rotauge	Nase	Brachse	Barsch	Hecht	Zander	Karpfen
Amper	0,089	0,066	0,286	0,162	—	—	0,551	—	0,162
Donau (Stau)	0,8	0,5	0,8	0,32	0,5	0,79	0,78	0,9	0,5
Lech	0,1		0,29	0,06	—	0,65	0,25	—	—
Rhein	—	0,27	0,90	—	0,10	0,15	0,51	0,10	0,29

Auch in belasteten Gewässern werden Organismen zu Bio-Indikatoren für die Wassergüteklassen. Die chemisch-physikalische Wasseranalyse vermag den Momentanzustand eines Gewässers darzustellen. Dauer- und Extremzustände sowie die summative Wirkung aller im Wasser gelösten Schadstoffe vermögen nur lebende Organismen aufzuklären (u. a. KOHLER 1975, HILDENBRAND 1974, MÜLLER 1974, MÜLLER und SCHÄFER 1976).

Das ursprünglich für fließende Gewässer von KOLKWITZ und MARSSON (1902, 1908) aufgestellte Saprobiensystem zur „gütemäßigen" Bewertung wurde später mehrfach verbessert und auch auf Seen ausgedehnt (u. a. BICK und KUNZE 1971, FJERDINGSTADT 1964, 1965). LIEBMANN (1962, 1969) unterscheidet 4 Saprobitätsstufen:

oligosaprob = Güteklasse I
β-mesosaprob = Güteklasse II
α-mesosaprob = Güteklasse III
polysaprob = Güteklasse IV

Andere Systeme (z. B. FJERDINGSTAD 1964, 1965) differenzieren noch weiter und betonen vor allem den Wechsel von heterotrophischer zu autotrophischer Phase in der Selbstreinigung eines Gewässers. In der Nähe von Thermaleinleitern (u. a. Kraftwerke) ist eine erhöhte Gefahr durch schneller ablaufende chemische Prozesse gegeben. Soweit diese Belastung ertragen wird, können wärmeliebende Arten auftreten, die sich im „normal" temperierten Fluß nicht halten könnten. Das gilt z. B. für den „tropischen" Tubificiden *Branchiura sowerbyi* (vgl. TOBIAS 1972). Viele in aufgewärmtem Flußwasser lebende Fische zeigen meist ein schnelleres Wachstum. Ihr Alter ist jedoch schwierig festzustellen, da durch die oftmals fehlende oder eingeschränkte Winterruhe die „Jahresringe" der Schuppen verschmelzen. Die Verschiebung der Zeit der Laichreife und die bei hoher Wassertemperatur begünstigte Eientwicklung lassen befürchten, daß die Zeit des Schlüpfens der Brut in die Periode reduzierten Nahrungsangebotes (Winter) fällt.

Schwerwiegender sind allerdings die Auswirkungen der erhöhten Temperatur auf die Entwicklung des Fischlaiches, da Fischlaich und junge Brut wesentlich empfindlicher als ausgewachsene Fische reagieren. Auch wenn die Eier bei überhöhten Temperaturen nicht absterben, kann es doch durch gleichzeitige Sauerstoffminderung zu Entwicklungsstörungen, Mißbildungen oder späteren Verlusten kommen. Warmwassereinleitungen zeigen ihre Auswirkungen auch im Stoffhaushalt der Fließgewässer. Sie verändern den biogenen Stoffumsatz, der sich auf den Ebenen der Produktion, Konsumation und Destruktion abspielt. Die Erwärmung des Wassers führt zur verstärkten Vermehrung der heterotrophen Organismen und somit zu einem Überwiegen heterotropher Prozesse. Die mikrobielle Mineralisation reduziert den durch die Erwärmung ohnehin schon verminderten O_2-Gehalt weiter. Dieser Effekt wird besonders deutlich in Gewässern mit einer starken organischen Belastung. Die Gewässererwärmung führt zu einer Verschiebung der Kieselalgenpopulation nach Grün- und Blaualgen, deren Wachstumsoptimum bei 28—30° C liegt. Es entstehen Massenentwicklungen in den flachen Uferbereichen, die zur Bildung von Phytotoxinen führen können.

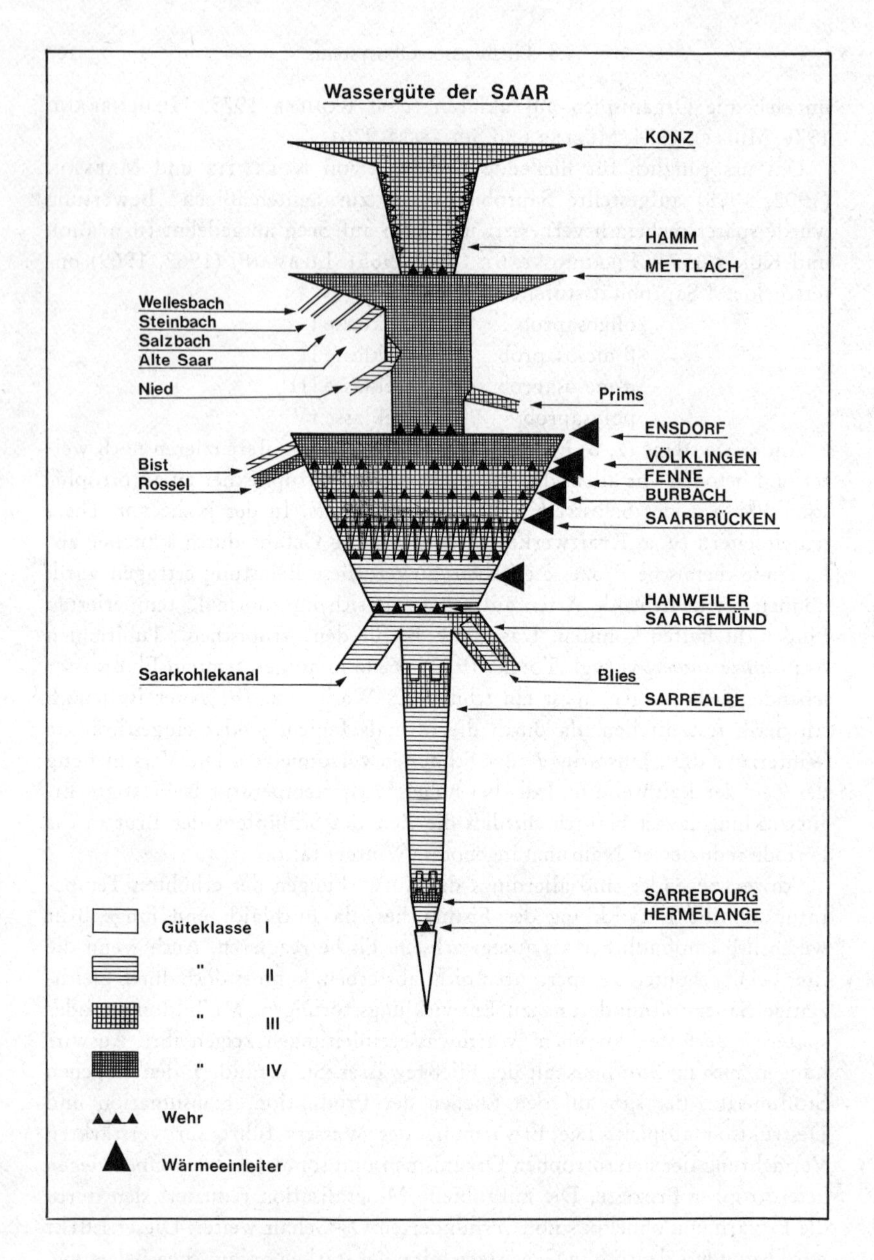

Abb. 31: Wassergüte der Saar nach vier Güteklassen (Güteklasse 1 = oligosaprob), die durch mosaikartige Übergänge gekennzeichnet werden können. Nur größere Wärmeeinleiter, deren Warmwasserabgabe auch in Infrarotluftbildern qualitativ und quantitativ verfolgt werden kann, wurden in die Grafik aufgenommen. Die Wehre beeinflussen Sedimentationsgeschwindigkeit und Sauerstoffgehalt des Flusses.

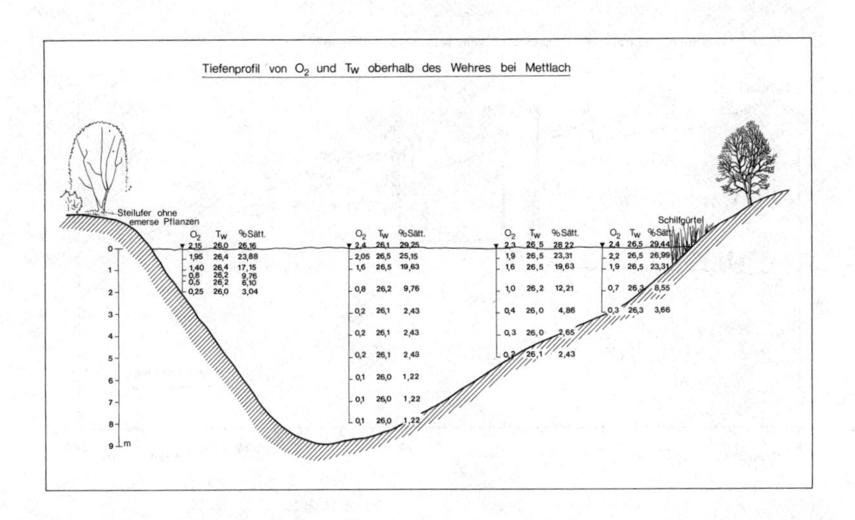

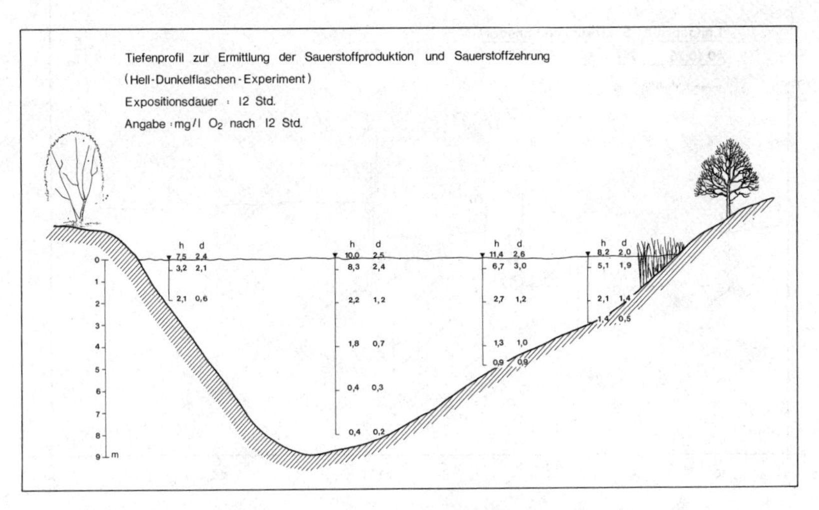

Abb. 32: Sauerstoff- und Temperaturprofil im Bereich eines Stauwehrs eines Flusses (Saar bei Mettlach; oben). Durch Hell-Dunkelflaschen-Versuche wurde die Sauerstoffproduktion und -zehrung bestimmt (unten).

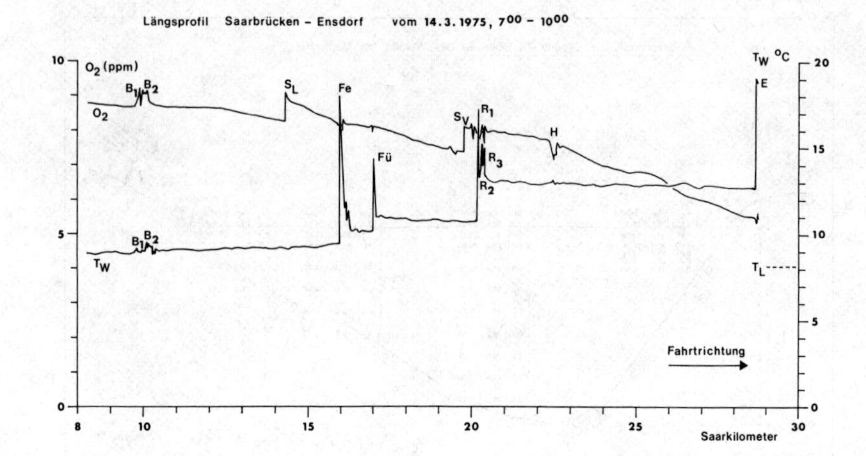

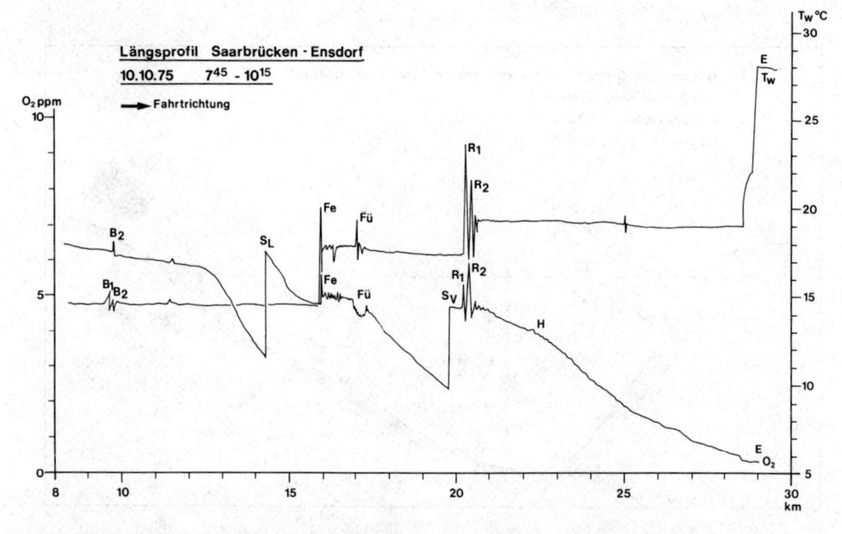

Abb. 33: Thermale Belastung der Saar während einer Hoch- (März) und Niedrigwassersituation (Okt.). Die sprunghafte Erhöhung der Sauerstoffwerte ist auf Wehre (SL = Schleuse Luisenthal; SV = Schleuse Völklingen) zurückzuführen, die Erhöhung der Temperaturwerte auf Thermaleinleiter (B_1, B_2 = Burbacher Hütte; Fe = Kraftwerk Fenne; Fü = Fürstenhausen; R_1, R_2, R_3 = Röchling Burbach, H = Hostenbach; E = Kraftwerk Ensdorf).

Gegenwärtig werden 16 Qualitätsanforderungen an Oberflächengewässer der Bundesrepublik Deutschland gestellt (vgl. Tab. 26).

Tab. 26: Qualitätsanforderungen an Oberflächengewässer der Bundesrepublik Deutschland (UMWELTBERICHT *1974*)

Parameter	Standardwerte
1. Temperatur	< 28° C; jedoch in der Regel nicht mehr als 3 Grad über der natürlichen Gleichgewichttemperatur des Gewässers
2. pH	6,5—8,5
3. Sauerstoffgehalt	Tag-Nacht-Mittel > 70 % der Sättigung; wenn Abfluß < MNQ: mindestens 60 %
4. BSB_5	< 5 mg/l
5. KM n O_4-Verbrauch	< 20 mg/l
6. Gelöster org. Kohlenstoff	< 5 mg/l
7. Biologischer Zustand	β-mesosaprob und besser
8. Chloride	< 200 mg/l
9. Sulfate	< 150 mg/l
10. Ammonium	< 0,5 mg/l
11. Gesamteisen	< 1 mg/l
12. Mangan	< 0,25 mg/l
13. Gesamt-Phosphat (p)	< 0,2 mg/l
14. Phenole	< 0,005 mg/l
15. Radioakt. Subst.	< 100 p c/l
16. Toxische Stoffe	Keine Konzentrationen, die über der Toleranzdosis f. Trinkwasser liegen, die Selbstreinigung im Gewässer hemmen oder für Fische schädlich sind.

Die Fließgewässer der meisten Industriestaaten besitzen keine natürlichen Biozönosen mehr. Die unterschiedlichen Belastungen haben sie zerstört und verändert. Das große Sammelbecken für alle Belastungen sind die marinen Ökosysteme. Damit erhebt sich die Frage nach der Bewertung der Belastung eines Flusses. Diese Frage kann nur unter Hinzuziehung ökologischer und ökonomischer Faktoren beantwortet werden. Dort, wo die Fließgewässer die Trinkwasserversorgung einer Gesellschaft sicherstellen müssen bzw. die Industrie Oberflächenbrauchwasser einer bestimmten Gütestufe benötigt, wurde die Belastung eines Flusses schon immer unter ökonomischen Gesichtspunkten bewertet. Dort, wo das Bewußtsein, daß alle Ökosysteme hierarchisch geordnet sind, daß somit alle vom Menschen ausgelösten Folgeketten in den meisten Fällen wieder beim Menschen enden, bereits vorhanden ist, wird diese Erkenntnis zu einem ökologischen KANTschen Imperativ.

5. EVOLUTION VON AREALSYSTEMEN UND LANDSCHAFTSGESCHICHTE

Landschafts-, Klima- und Organismengeschichte erhellen sich wechselseitig. Biologische, lithogenetische und morphologische Indikatoren lieferten wichtige Beiträge zu unserer gegenwärtigen Kenntnis über die Geschichte von Landschaften und Landschaftsräumen. Die enge phylogenetische Verwandtschaft von Fossilien mit rezenten Formen oder ihre ökophysiologischen Besonderheiten (z. B. Schwimmflossen; Träufelspitze der Blätter als Indikator für Regenwaldbedingungen; Jahresringe; Riffbildungen) wurden zu Indikatoren der Räume, in denen sie gefunden wurden.

5.1. Paläontologie und Klimageschichte

Bereits im 17. Jahrhundert war die Bedeutung von *Fossilien* für die Kenntnis der Klimageschichte bekannt. 1686 schloß der englische Physiker ROBERT HOOKE aus der Existenz von fossilen Schildkröten und Riesenammoniten in Portland auf ein ehemals wärmeres Klima und LYELL setzte in seinen ›Principles of Geology‹ fossile mesozoische Riffkorallen mit tropischen Verhältnissen nördlicher Meere in Beziehung. Der Indikatorwert der Fossilien ist jedoch eng gekoppelt mit der Annahme der annähernden Konstanz ihrer ökologischen Valenz. Heute wissen wir, daß es zahlreiche Taxa gibt, bei denen wir diese Voraussetzung nicht machen dürfen (HENNIG 1969, MÜLLER 1974, 1976).

Ähnliche Lebensformen von Organismen wurden und werden darüber hinaus mit herangezogen, wenn es gilt, die ökologische Verwandtschaft von Räumen zu verdeutlichen. Da „Ähnlichkeit" noch keine Verwandtschaft sein muß, ist auch hier bei historischen Rekonstruktionen Vorsicht geboten (HENNIG 1949, 1960, 1969, BRUNDIN 1972, SCHMINCKE 1974, ZWICK 1974) (vgl. Abb. 34).

Pollenanalysen wurden erstmals 1841 von STEENSTRUP vorgenommen. Die quantitative Pollenanalyse geht jedoch auf WEBER (1896) zurück. Er erkannte den Zusammenhang zwischen Pollenabfolge und der Klima- und Vegetationsgeschichte eines Raumes. Pollenspektren und Pollendiagramme werden heute herangezogen zur Erhellung großräumiger Klimaabfolgen (u. a. FRENZEL 1960, 1968). Die relativ leichte Verdriftbarkeit der Pollen (STIX 1975), die unterschiedlich hohe Pollenproduktion verschiedener Pflan-

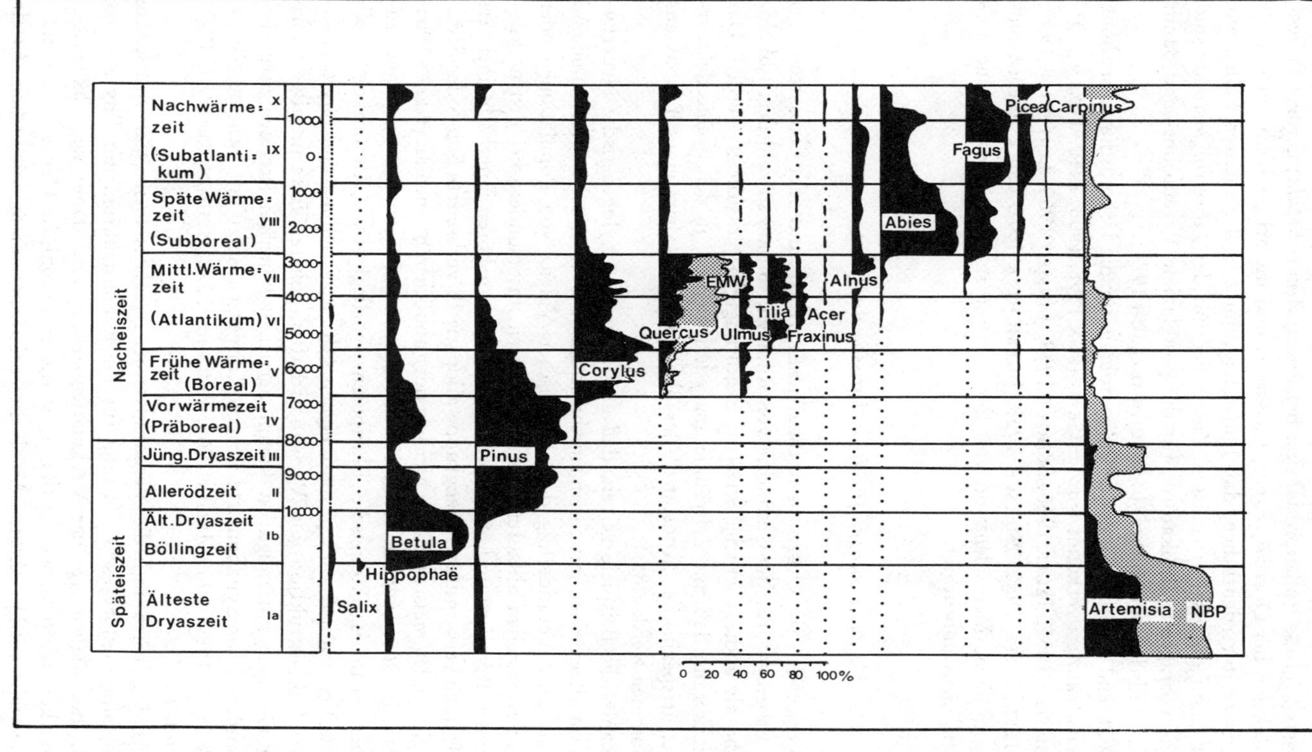

Abb. 34: Charakteristisches postglaziales Pollenprofil für Mitteleuropa (nach LANG, aus SCHWARZENBACH 1974).

zenarten (große Pollenproduktion bei *Pinus, Alnus, Betula*; geringe Pollenproduktion bei *Quercus, Fagus, Castanea*) und die artspezifisch variierende Haltbarkeit verdeutlichen, daß Pollendiagramme in den meisten Fällen nur großräumige Aussagen zulassen. Zusammen mit der *Jahresringmethode* sind sie hervorragende Indikatoren für die postglaziale Vegetations- und damit auch Landschaftsgeschichte (u. a. SCHWARZBACH 1974).

Während die Bedeutung der Paläontologie für die Urlandschaftsforschung bereits frühzeitig erkannt wurde (GRADMANN 1898, 1906, 1940, TÜXEN 1931, SCHLÜTER 1953, JÄGER 1963, SCHOTT 1939, JANSSEN 1960, LOHMEYER 1952, MÜLLER-WILLE 1960, NIETSCH 1939, BURRICHTER 1970 u. a.), blieben biogeographische Methoden, die von der Analyse rezenter Arealsysteme ausgehen, meist unbeachtet.

5.2. Voraussetzungen für die historische Analyse von Arealsystemen

Verwenden wir Organismen, Biozönosen, Areal- und/oder Ökosysteme als „Indikatoren" für die Geschichte von Räumen, so muß sowohl deren ökologische als auch genetische Struktur gleichrangig berücksichtigt werden. Das setzt voraus, daß nur Zeiträume analysiert werden, in denen eine definierbare, artspezifische „Konstanz" der ökologischen Valenz eines Taxons angenommen werden darf.

Zahlreiche Beispiele zeigen, daß grundlegende phylogenetische Neuerungen im allgemeinen mit einem einschneidenden Wechsel der Lebensräume und damit einer Veränderung der ökologischen Valenz von Populationen oder Populationsteilen ablaufen. Bei Vertebraten, insbesondere bei den poikilothermen Reptilien und homoeothermen Vögeln, gehören innerhalb einer Art oder nahe verwandten Artengruppe allopatrisch verbreitete Sub- oder Semispezies in den meisten Fällen gleichen oder ähnlichen Biomen an (KEAST 1961, MOREAU 1966, MÜLLER 1973, 1974), während auf Gattungs- und Familienniveau oftmals ökologische Pluripotenz vorliegt. Da „Ähnlichkeit" noch keine Verwandtschaft sein muß, eignen sich zur Erhellung und phylogenetischen Rekonstruktion von Verwandtschaften höherer Taxa im allgemeinen nur Gruppen mit möglichst komplizierten und merkmalsreichen Strukturkomplexen, um Synapomorphien von Konvergenzen zu unterscheiden (HENNIG 1949, 1960, 1969, ILLIES 1965, BRUNDIN 1972, SCHMINCKE 1973, 1974, ZWICK 1974).

Analog liegen auch die Verhältnisse bei Arealsystemen. Während jedoch z. B. eine monotypische Gattung für die Rekonstruktion der Phylogenese, d. h. der *Reihenfolge* der Merkmalsentstehung und damit der Taxaentstehung herangezogen werden kann, ist die geographische Herkunft des möglicherweise völlig isolierten Areals dieser Gattung mit chorologischen Mitteln allein ebensowenig zu klären wie mit phylogenetischen. Das Alter des Vorkommens einer Art an einer bestimmten Erdstelle ist nur in den seltensten Fällen mit dem geologischen Alter dieser Erdstelle verknüpft. Die Annahme, daß das rezente Areal eines Taxons — unabhängig vom Vorhandensein apomorpher oder plesiomorpher Merkmale — homotope Strukturen zu seinem Entstehungszentrum oder einem der vielen im Verlauf seiner Evolution möglichen Ausbreitungszentren besitzt, muß durch sorgfältige Strukturanalysen im Einzelfalle erst bestätigt werden. Theoretischer Ansatzpunkt ist damit das rezente Arealsystem eines Taxons mit allen seinen Differenzierungen und die berechtigte Annahme, daß Populationen an spezifische Umwelten adaptiert sind und damit die Aufklärung ihrer Arealgeschichte und Phylogenie Licht auf die Landschaften und deren Genese werfen kann. Eine Methode, die sich besonders bewährt hat, ist die Analyse von *Ausbreitungszentren* (Näheres bei MÜLLER 1973, 1974, 1976).

5.3. Ausbreitungszentren-Analyse und Landschaftsgeschichte

Es erscheint mir, zum besseren Verständnis der folgenden Ausführungen, wichtig zu sein, an dieser Stelle näher auf die Problematik der Analyse von Ausbreitungszentren einzugehen, da die Ergebnisse, die durch ihre Untersuchung und Aufklärung erhalten werden, zu einem tieferen Verständnis der jüngeren Entwicklungsgeschichte der Lebewesen und zu einer Klärung erd- und klimageschichtlicher Tatsachen beitragen können. Sie führen damit zu einer besseren Kenntnis der gegenwärtigen landschaftlichen Verhältnisse. Die Bedeutung der Ausbreitungszentren für die Evolutionsforschung ist damit ebenso groß wie ihre Bedeutung für die Geographie.

Ausbreitungszentren sind homotop mit Räumen, in denen Populationen für sie ungünstige Umweltbedingungen überdauerten. Ein Raum kann naturgemäß nur dann als Ausbreitungszentrum fungieren, wenn die Gesamtheit seiner Lebensbedingungen keine Extinktion der in ihm vorhandenen Lebensgemeinschaften bewirkte. In Ausbreitungszentren befinden sich die Populationen während der Dauer der ungünstigen Umweltbedingungen zugleich in einem von anderen Räumen und anderen Populationen abgeschlossenen Gebiet. Damit kann eine für die Art- und Rassenbildung wichtige Kraft, die geographische Isolation (Separation), wirken. Um Mißverständnisse zu vermeiden, muß jedoch darauf hingewiesen werden, daß Ausbreitungszentren keine homotopen Strukturen zu Entstehungszentren sein müssen. Will man entsprechende Aussagen machen, so ist es notwendig, die Verbreitungsgebiete daraufhin zu untersuchen, ob sie in der Nähe des Entstehungsgebietes einer Art liegen (= plesiochor), oder ob sie sich im Verlauf der Entwicklungsgeschichte einer Art sehr weit von dem Entstehungszentrum entfernt haben (= apochor; vgl. MÜLLER 1972, 1974, 1975). Da die Klärung dieser Fragen für höhere systematische Einheiten (Gattungen, Familien) von einer lückenlosen Darstellung ihrer Entwicklungsgeschichte abhängig ist, die jedoch nur für wenige Tiergruppen bisher befriedigend gelöst wurde, erscheint es vorerst sinnvoll, die Untersuchung von Ausbreitungszentren nur auf Arten, Superspezies und Subspezies zu beschränken. Bei Sub- und Semispezies ist der Nachweis der Apo- bzw. Plesiochorie ihres Areals zum letzten funktionsfähigen Ausbreitungszentrum wesentlich leichter zu erbringen (allopatrische Verbreitung u. a.) als bei Arten, doch muß betont werden, daß die Ausbildung von Rassen nicht ausschließlich an geographische Isolation ursprünglich einheitlicher Populationen gebunden ist.

Die Beziehungen zwischen refugialen Arealphasen, Arealdynamik, Wanderungen und Differenzierung lassen es sinnvoll erscheinen, drei Typen der Subspeziation deutlich zu trennen:

1. die refugiale Subspeziation,
2. die extrarefugiale Subspeziation und
3. die periphere Subspeziation.

Die periphere Subspeziation kann durch Schwankungen der Arealgrenzen, aber auch, worauf REINIG (1970) aufmerksam machte, durch Suppression erfolgen, worunter er die Unterdrückung phylogenetisch älterer Subspezies durch jüngere mit dominanten Allelen ohne Mitwirkung der Selektion versteht. Phylogenetisch ältere periphere Rassen wären danach Restpopulationen ursprünglich weiter verbreiteter Subspezies, die von jüngeren im Arealzentrum „überwandert“ wurden. Diese älteren Typen müssen jedoch nicht ausschließlich am geographischen Rand des Areals gehäuft auftreten, sondern können sich ebenso im Bereich ökologischer Grenzen (z. B. Gebirge) innerhalb des Verbreitungsgebietes erhalten haben.

Diese einschränkenden Hinweise sind notwendige Voraussetzung für die richtige Einschätzung des Wertes von Ausbreitungszentren. Die Analyse von Ausbreitungszentren setzt drei Arbeitsschritte voraus (vgl. Abb. 35). Im ersten werden Kleinstareale von Arten, Semispezies und Subspezies auf eine Karte eines Kontinents oder eines Tierreiches projiziert. Gemeinsamkeiten besitzen die einzelnen Areale nur in seltenen Fällen in ihren Arealgrenzen, dagegen immer in ihrem Überschneidungsbereich, dem Arealkern. Daß die auf diese Weise erhaltenen Verbreitungszentren keine Ausbreitungszentren sein müssen, wurde durch zahlreiche Untersuchungen bewiesen. Diese Zentren sind Räume höchster *Arealdiversität.* Auf diesem Analysestadium können sie sowohl ökologische als auch historische bzw. ökologische und historische Ursachen besitzen. Ob sie Ausbreitungszentren sind, also Erhaltungszentren von Faunen und Floren während ungünstiger Umweltbedingungen, kann erst über eine weitere Untersuchung der verwandtschaftlichen Verhältnisse der

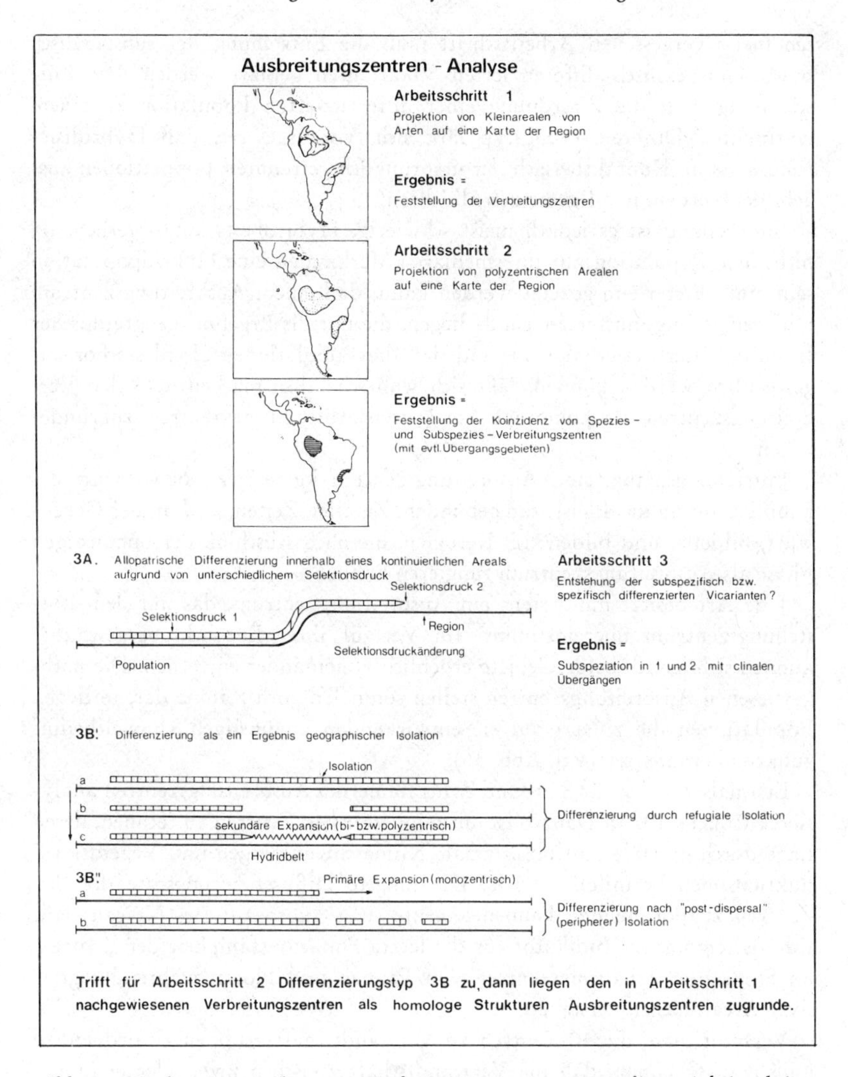

Ausbreitungszentren - Analyse
Arbeitsschritt 1
Projektion von Kleinarealen von Arten auf eine Karte der Region
Ergebnis =
Feststellung der Verbreitungszentren
Arbeitsschritt 2
Projektion von polyzentrischen Arealen auf eine Karte der Region
Ergebnis =
Feststellung der Koinzidenz von Spezies - und Subspezies - Verbreitungszentren (mit evtl. Übergangsgebieten)
3A. Allopatrische Differenzierung innerhalb eines kontinuierlichen Areals aufgrund von unterschiedlichem Selektionsdruck
Selektionsdruck 2
Selektionsdruck 1
Region
Selektionsdruckänderung
Population
Arbeitsschritt 3
Entstehung der subspezifisch bzw. spezifisch differenzierten Vicarianten?
Ergebnis =
Subspeziation in 1 und 2 mit clinalen Übergängen
3B'. Differenzierung als ein Ergebnis geographischer Isolation
Isolation
a
b
c
sekundäre Expansion (bi- bzw. polyzentrisch)
Hydridbelt
Differenzierung durch refugiale Isolation
3B''. Primäre Expansion (monozentrisch)
a
b
Differenzierung nach "post-dispersal" (peripherer) Isolation
Trifft für Arbeitsschritt 2 Differenzierungstyp 3B zu, dann liegen den in Arbeitsschritt 1 nachgewiesenen Verbreitungszentren als homologe Strukturen Ausbreitungszentren zugrunde.

Abb. 35: Die für eine Analyse von Ausbreitungszentren notwendigen Arbeitsschritte.

den Zentren zuzuordnenden Faunen erfolgen. Deshalb müssen im zweiten Arbeitsschritt polyzentrische Areale (Großareale mit mehreren Arealkernen) polytypischer Arten auf die gleiche Region projiziert werden. Als Ergebnis kann häufig, jedoch keineswegs in allen Fällen, eine Koinzidenz kleinarealer Spezies- und Subspeziesverbreitungszentren (bzw. Semispeziesverbreitungszentren) festgestellt werden. In einem dritten, bei tiergeographischen Arbeiten meist vergessenen Arbeitsschritt muß die Entstehung der subspezifisch bzw. semispezifisch differenzierten Vikarianten geklärt werden. Die Entscheidung über die Zuordnung einer differenzierten Population zu einem bestimmten Differenzierungstyp läßt sich, vorausgesetzt, daß Hybridisierungsbelts im Kontaktbereich der ursprünglich getrennten Populationen ausgebildet werden, im allgemeinen absichern.

Im Freiland ist es jedoch meist schwierig, Hybridbelts anzusprechen, da nicht jede Population mit intermediären Merkmalen eine Hybridpopulation sein muß. Erst wenn gezeigt werden kann, daß einem Ausbreitungszentrum Differenzierungsmuster zugrunde liegen, die nur als Ergebnis geographischer Isolation interpretierbar sind, und daß die Populationen als plesiochor angesprochen werden können, läßt sich wahrscheinlich machen, daß den Verbreitungszentren als homotope Strukturen Ausbreitungszentren zugrundeliegen.

Entstehungsmäßig sind Ausbreitungszentren keineswegs, obwohl oft behauptet, nur an das Pleistozän gebunden. Zu allen Zeiten, auch in der Gegenwart, bildeten und bilden sich Refugien, die nach Abschluß der ungünstigen Phase als Ausbreitungszentrum fungieren können.

Jede Art besitzt mindestens ein Ausbreitungszentrum, das mit dem Entstehungszentrum übereinstimmt. Im Verlauf ihrer Entwicklungsgeschichte können sich jedoch beide Gebiete erheblich voneinander entfernen. Die nachgewiesenen Ausbreitungszentren stellen somit lediglich Räume dar, in denen Populationen die zuletzt auf sie einwirkenden ungünstigen Umweltbedingungen überdauerten (vgl. Abb. 36).

Erstmals wurden für Süd- und Zentralamerika Ausbreitungszentren analysiert (Müller 1973). Danach ist mit mindestens 40 Zentren zu rechnen, deren Lage durch glaziale und postglaziale Klimaschwankungen und Vegetationsfluktuationen beeinflußt wurde. Die jüngste Differenzierungsrate der den Zentren zuzuordnenden Faunenelemente (u. a. subspezifisches Niveau) läßt sich als temporärer Indikator für die letzte Funktionsfähigkeit der Zentren, im Sinne von Erhaltungszentren von Faunen und Floren während regressiver Arealphasen, verstehen.

Versucht man, die 40 Zentren zu Verwandtschaftsgruppen zu ordnen, so muß man erkennen, daß die Verwandtschaft zwischen zwei oder mehreren Zentren eine Funktion der Phylogenie der den Zentren zuzuordnenden Faunenelemente ist.

Besondere Berücksichtigung erhalten dabei polytypische und polyzentrische Arten, deren ökologische Valenz bekannt ist. Supraspezifische Einheiten werden dagegen nicht berücksichtigt, da das oftmals hohe phylogenetische Alter solcher Gruppen den einzelnen Taxa genügend Zeit zur Adaptation an sehr unterschiedliche Lebensräume bot. Die ökologische Valenz, die die Amplitude der Lebensbedingungen angibt, innerhalb denen eine Art zu gedeihen

Abb. 36: Lage und Abgrenzung der 40 neotropischen Ausbreitungszentren
(nach MÜLLER 1973).

vermag, kann sich im Verlauf der Evolution eines Taxons und sogar von Population zu Population oftmals erheblich ändern. Bei Vertebraten ist der Verbreitungstyp von artlich oder subspezifisch differenzierten Populationen in den meisten Fällen sehr streng mit Vegetationsformationen oder Klimazonen u. a. korreliert (Problem der Habitatinselgröße).

Die polytypische Crotalide *Lachesis mutus* ist ökologisch streng an die Flachlandregenwälder gebunden. Ihre disjunkt verbreiteten monozentrischen Subspezies sind Faunenelemente des Serra do Mar-Zentrums *(Lachesis mutus noctivagus)*, des Amazonas-Zentrums *(L. m. mutus)* und des Costa Rica-Zentrums *(L. m. stenophrys)*.

Crax rubra ist eine streng an den Wald adaptierte polyzentrische Vogelgruppe, die einen Superspezieskomplex bildet, dem 7 Semispezies angehören, die monozentrisch sind für die Zentren 14, 17, 22, 24, 25 und 33 (vgl. Abb. 37).

Abb. 37: Verbreitung der polytypischen Waldvogelgruppe Crax rubra. Isoliert durch den Campo Cerrado lebt in den Regenwäldern der Serra-do Mar die *blumenbachi*-Population (aus MÜLLER 1973).

Crotalus durissus ist eine polytypische Klapperschlangenart, die im Gegensatz zu *Lachesis mutus* den Regenwald strikt meidet. Betrachtet man die monozentrischen Subspeziesareale dieser Crotalide, so zeigt sich, daß, mit Ausnahmen der beiden Inselrassen auf Marajo *(C. d. marajoensis)* und Aruba *(C. d. unicolor)* sowie der für die Küstensavannen von Guayana endemischen

Abb. 38: Verbreitung der an offene Landschaften gebundenen Subspezies der polytypischen neotropischen Klapperschlange Crotalus durissus. Die einzelnen Rassen sind monozentrisch für jeweils ein neotropisches Ausbreitungszentrum. Auf den Campoinseln in der amazonischen Hylaea existieren isolierte Reliktpopulationen.

Subspezies *dryinus,* die anderen Subspezies als Faunenelemente den Zentren 3, 4, 8, 19, 20, 31, 32 und 34 zugeordnet werden müssen (vgl. Abb. 38). Nach dem Verwandtschafts- und Differenzierungsgrad ihrer Faunenelemente lassen sich die 40 Zentren als Ausbreitungszentren definieren und zu drei großen Verwandtschaftsgruppen zusammenfassen.

Die Ausbreitungszentren der Gruppe 1 sind an regenwaldfreie Gebiete unterhalb 1500 m gebunden, jene der Gruppe 2 an Regenwälder und jene

Abb. 39: Ausbreitungszentren der an Regenwälder adaptierten Faunenelemente (Verwandtschaftsgruppe 2) der Neotropis (nach MÜLLER 1973).

der 3. Gruppe an die andine Region oberhalb der Waldgrenze (vgl. Abb. 39 u. 40).

Gruppe 1 und 2 lassen sich weiter untergliedern:

Gruppe 1:
Untergruppen:
a) 3, 4, 5
b) 8, 11, 12, 19, 20
c) 31, 32, 34, 36
d) 35, 37, 38, 39
e) 28, 29, 30

Gruppe 2:
Untergruppen:
a) 1, 6, 9, 14, 16, 17
b) 2, 10, 13, 18, 21, 26
(= Montanwaldarten)
c) 22, 23, 24, 25, 33
d) 40

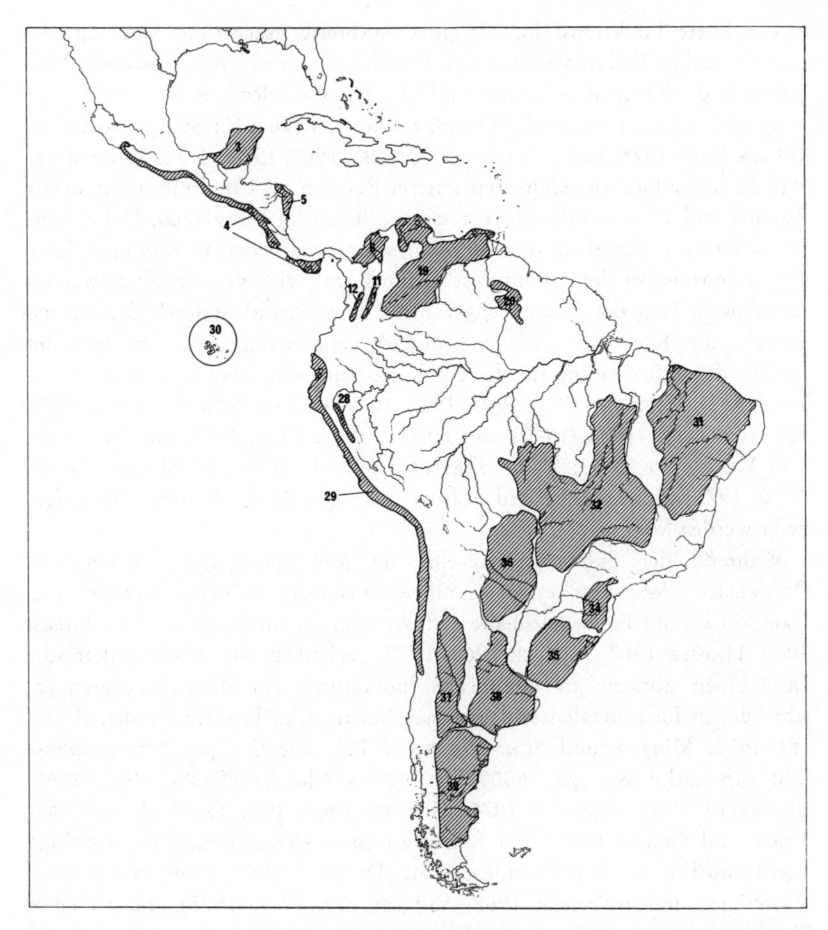

Abb. 40: Ausbreitungszentren der an offene Landschaften adaptierten Faunenelemente (Verwandtschaftsgruppe 1) der Neotropis (nach MÜLLER 1973).

Der potentielle Aktionsradius der Faunen der drei Gruppen wird durch ihre ökologisch strenge Adaptation relativiert. Offene Landschaften werden aus dem Aktionsbereich von Regenwaldvögeln, niederschlagsreiche Regenwaldgebiete aus dem Aktionsbereich von Campoarten und kühlere Höhenklimate aus dem Aktionsbereich von tropischen Flachlandarten einfach verschwinden.

Diese natürlichen Barrieren, die zu einem wesentlichen Teil für die Diskontinuitäten zwischen geographischen Isolaten verantwortlich sind, bestimmen oder beeinflussen die Dispersionsrate eines Taxons.

Die letzte Funktionsfähigkeit eines Ausbreitungszentrums kann aus der subspezifischen Differenzierung von Populationen einer Art, die durch Allopatrie an das Zentrum gebunden sind, abgeleitet werden.

In vielen Fällen reichte das Postglazial als Zeitraum für Subspeziation aus (MAYR 1967, 1975, DE LATTIN 1959, MÜLLER 1969, 1970). Deshalb vermuten wir die letzte Funktionsfähigkeit unserer Zentren als Erhaltungszentren von Faunen und Floren während regressiver Phasen im Postglazial. Dabei müssen wir davon ausgehen, daß die Regressionsphasen der Waldfaunen durch Expansionsphasen der "Nonforest"-Faunen und vice versa bedingt wurden und daß die Lage der Ausbreitungszentren im wesentlichen durch glaziale und postglaziale Klimaschwankungen und Vegetationsfluktuationen bestimmt wurde, deren Bedeutung für die Differenzierung der Taxa bereits von CHAPIN (1932), MOREAU (1933, 1963, 1966, 1969) und EISENTRAUT (1968, 1970) für Afrika, GENTILLI (1949) und KEAST (1959, 1961, 1968) für Australien und VANZOLINI (1963, 1970), HAFFER (1967, 1969, 1970), MÜLLER (1968, 1970, 1971) und MÜLLER und SCHMITHÜSEN (1970) für Südamerika aufgezeigt werden konnte.

Während der Submergencia Ilha do Mel (Postglaziale Wärmezeit; BIGARELLA 1965) kam es zu Campoexpansionen, in deren Verlauf u. a. Campo-Cerrado-Faunenelemente nach Amazonien einwanderten (VANZOLINI 1963, HAFFER 1967, MÜLLER 1968, 1970) (vgl. Abb. 41). Südamerikanische Inselfaunen können als temporäre Indikatoren für diese Biochorenverschiebungen im zentralen und östlichen Südamerika benutzt werden (MÜLLER 1970, MÜLLER und SCHMITHÜSEN 1970). Die Campoexpansionsphase läßt sich nachweisen von 6000 bis 2400 v. Chr. (AB'SABER 1962, 1965, BIGARELLA 1965, FRÄNZLE 1976, GOOSEN 1964, PIMIETA 1958, TRICART, VOGT und GOMES 1960) und führte zu einer Verbreiterung der Restinga von Cabo Frio bis Rio Grande do Sul (DELANEY 1963, 1966, HURT 1964, VANZOLINI und AB'SABER 1968, VUILLEUMIER 1971, 1975) und zu einer Trockenperiode im Nordosten Brasiliens (TRICART, SANTOS, SILVA und SILVA 1958). Die Wanderwege der "Nonforest"-Arten werden durch eine um 2400 v. Chr. einsetzende erneute Waldexpansionsphase, die, von wenigen Ausnahmen abgesehen, bis in die Gegenwart andauert, disjungiert. Die Campoinseln innerhalb der amazonischen Hyläa, die eine spezifische Campofauna und -flora aufweisen und durch eine AWI-Klimabrücke verbunden sind (REINKE 1962), müssen als Relikte dieser postglazialen Trockenphasen gewertet werden, die entscheidend die Lage der Waldzentren und die Differenzierungsrate der Waldfauna beeinflußten. Rezente Durchmischungszonen subspezifisch differenzierter Waldpopulationen (vgl. HAFFER 1969, VANZOLINI und WILLIAMS 1970) liegen im Bereich dieser Campowanderstraßen, die in den letzten 4000 Jahren vom Wald zurückerobert wurden.

Abb. 41: Wanderwege an offene Landschaften angepaßter Vertebraten während arider Phasen im Postglazial von Süd- und Mittelamerika (nach MÜLLER 1973).

Anfang und Ende der postglazialen Ariditätsphase werden durch eine Pluvialphase mit Regenwaldexpansionen gekennzeichnet. Sie führte zu einer Regression und Isolation der "Nonforest"-Biome. Der Campo Cerrado, der seit Beginn der postglazialen Ariditätsphase bis zur Gegenwart einen Genaustausch zwischen den Regenwaldpopulationen der Serra do Mar und Amazoniens erschwerte oder gänzlich verhinderte (was aus der subspezifischen Differenzierung zahlreicher disjunkt verbreiteter Waldpopulationen geschlossen werden kann), muß um 7000 v. Chr. an bestimmten Stellen wesentlich arborealer gewesen sein als gegenwärtig (MÜLLER 1968).

Mit der stärkeren Erwärmung seit der jüngeren Dryaszeit (GONZALES, VAN DER HAMMEN und FLINT 1965, VAN DER HAMMEN 1974) setzte durch vertikale Verschiebung eine verstärkte Isolation der Montanwald- und der orealen Faunen ein, die noch um 11 000 v. Chr. basimontane Biome bevorzugten (HAFFER 1970, 1974). Wie sich diese vertikale Verschiebung auf die Flachlandregenwaldfauna (unterhalb 1500 m) auswirkt, ist noch unsicher.

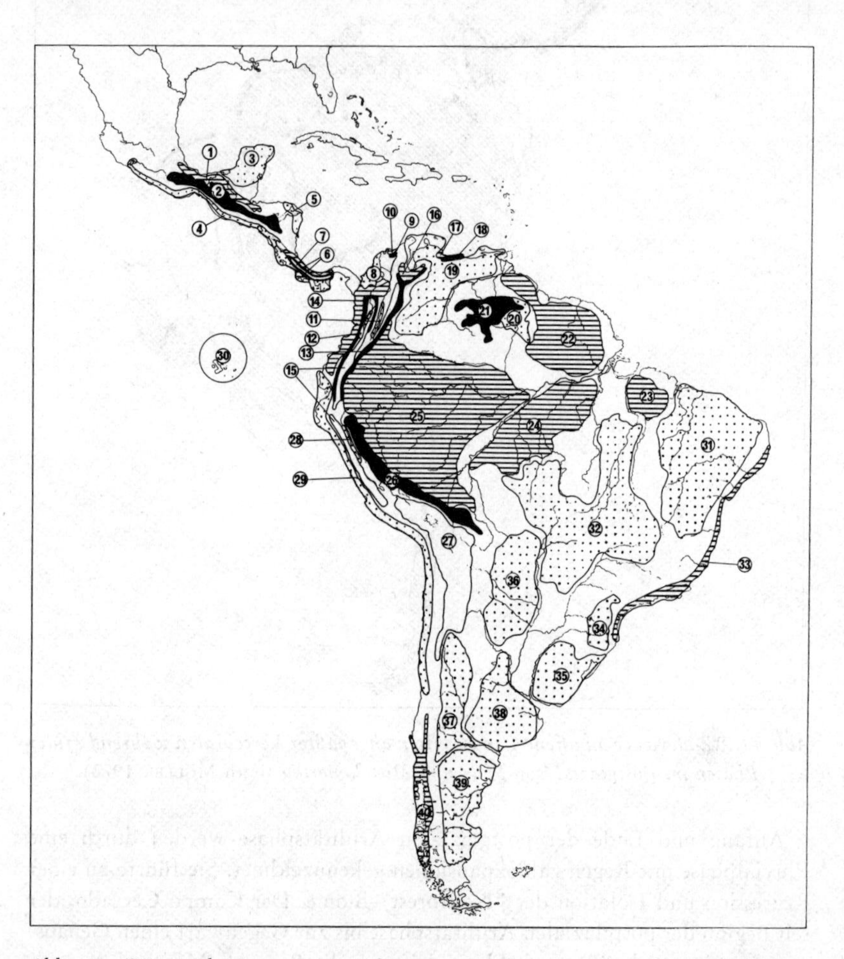

Abb. 42: Die Ausbreitungszentren der neotropischen Landtierwelt. Es bedeuten: punktiert = Zentren der an offene Landschaften gebundenen Taxa; schraffiert = Regenwaldzentren; schwarz = Montanwaldzentren; weiß = Zentren des andinen Oreals.

Ein Großteil der Subspeziation der Montanwaldfaunen ist auf diese vor etwa 8000 v. Chr. einsetzende Montanwaldisolationsphase zurückführbar.

Die Zahl der neotropischen Ausbreitungszentren läßt sich mit dem Artenreichtum süd- und zentralamerikanischer Biome korrelieren. Da die Ausbreitungszentren auch als Differenzierungszentren angesehen werden müssen, ihre Lage jedoch durch quartäre Biochorenverschiebungen und Klimaschwankungen stark beeinflußt wurde, sehen wir darin auch eine Stütze für die Annahme, daß sich die meisten Arten der neotropischen Waldfauna in Waldrefugien während arider Phasen entwickelten (MÜLLER 1968, 1970, MÜLLER und SCHMITHÜSEN 1970, HAFFER 1967, 1969, 1970, VANZOLINI 1970, VANZOLINI und WILLIAMS 1970, VUILLEUMIER 1975). Bemerkenswert ist hierbei, daß die unabhängig von HAFFER (1969) für die amazonischen Waldvögel, von VANZOLINI und WILLIAMS (1970) für die *Anolis chrysolepis*-Gruppe, von BROWN et al. (1974) und TURNER (1971, 1972) für die Heliconiden, von SPASSKI et al. (1972) und WINGE (1973) für *Drosophila*-Arten und von PRANCE (1973) für Pflanzen analysierten Waldrefugien innerhalb unserer Ausbreitungszentren liegen (MÜLLER 1972, 1973, 1975) (vgl. Abb. 42).

Es läßt sich darüber hinaus sagen, daß die Ausbreitungszentren und ihre Faunenelemente als Indikatoren für die landschaftliche Entwicklung der betreffenden Räume verwandt werden können. Die nachgewiesenen Zentren in der Pampa Argentiniens, im Campo Cerrado und den Höhencampos der Araucarienwälder von Parana und deren an offene Landschaften adaptierte Faunenelemente sind wesentliche Stützen für deren „Natürlichkeit".

6. LITERATUR

AB'SABER, A. N. (1962): Revisão dos conhecimentos sobre o horizonte subsuperficial de cascalhos inhumados do Brasil Oriental. Bol. Univ. Parana 2.

— (1965): A evolução geomorfologica. In: A baixada Santista. São Paulo.

ACKERMAN, B. (1971): Moisture content of city and country air. Proc. Conference on Air Pollution Meteorology, American Meteorological Society: 154—158, Raleigh, North Carolina.

ALARIE, Y., et al. (1970): Long-Term Continous Exposure of Guinea Pigs to Sulfur Dioxide. Arch. Environm. Health 21: 769—777.

ALEXANDER, T. (1975): What we know—and don't know—about the Ozone Shield. Fortune: 184—194.

ALLWRIGHT, P. A., COULSON, A., und DETELS, R. (1974): Mortality and Water-Hardness in Three Matched Communities in Los Angeles. Lancet 2: 860—864.

ALMQUIST, E. (1967): Floristic notes from the railways. Sv. Bot. Tidskr. 51: 223—264.

AMDUR, M. O. (1958): The Respiratory Response of Guinea Pigs to Sulfuric Acid. Mist. Arch. Industrial Health 18: 407—414.

AMDUR, M. O., und UNDERHILL, D. (1968): The effects of various aerosols on the response of guinea pigs to sulfur dioxide. Arch. Environm. Health 16: 460—468.

ANDREWARTHA, H. G. (1961): Introduction to the study of Animal Populations. Univ. Chicago Press, Chicago.

ANT, H. (1969): Die malakologische Gliederung einiger Buchenwaldtypen in Nordwestdeutschland. Vegetatio 18: 374—386.

ANTWEILER, H. (1973): Tiere als Indikatoren der Luftverschmutzung. In: Probleme der Umweltforschung, 46—53, Coll. Verl., Berlin.

ANTWEILER, H., und POTT, F. (1971): Tierexperimentelle Ergebnisse über die Wirkung partikel- und gasförmiger Luftverunreinigungen. Z.Bakt.Hyg. 155: 263 bis 271.

ASKEW, R. P., COOK, L. M., und BISHOP, J. A. (1971): Atmospheric pollution and melanic moth in Manchester and its environs. J. applied ecology 8 (1): 247—256.

AYLOR, D. (1972): Noise reduction by vegetation and ground. J. of the Acoustical Society of America 51: 197—205.

BACH, H., BECK, P., und GOETTLING, D. (1973): Energie und Abwärme. Schmidt Verl., Berlin.

BACH, W. (1969): Strahlungshaushalt und lufthygienische Verhältnisse in Groß-Cincinnati, USA. Tag.-ber. u. wiss. Abh., Dtsch. Geogr. Kiel, 273—282.

— (1972): Atmospheric pollution. McGraw-Hill, New York.

BANARESCU, P. (1967): Die zoogeographische Stellung der Fauna der unteren Donau. Hidrobiolog. 8: 151—162, Bucuresti.

— (1970): Principiisi problem de zoogeografie. Acad. Rep. Soc. Rom, Bucuresti.

BANARESCU, P., und BOSCAIU, N. (1973): Biogeografie. Edit. Stintifica, Bucuresti.

BARROW, H. H. (1923): Geography as Human Ecology. Ann. Assoc. Amer. Geographers 13.

BARRY, D. H., und MAWDESKY-THOMAS, L. (1970): Effects of sulphur dioxide to the enzyme activity of the alveolar macrophage of rats. Thorax 25: 612 bis 614.

BATTELLE-INSTITUT (1973): Studie über neue Technologien zur schadlosen Abfallbeseitigung. Frankfurt.

BATTIGELLI, M. C., et al. (1969): Long-Term effects of Sulfur-Dioxide and Graphite Dust on rats. Arch. Environm. Health 18: 602—608.

BAUER, E., und KREEB, K. (1974): Flechtenkartierung und Enzymaktivität als Indikation der Luftverunreinigung in Eßlingen. Verhdl. Ges. Ökologie, Saarbrücken, 273—281. Verl. Junk, Den Hague.

BAUER, K. (1961): Studien über Nebenwirkungen von Pflanzenschutzmitteln auf Fische. Mitt. Biol. Bundesamt. Land- u. Forstwirtsch. 105.

BAUMGARTNER, A. (1971): Wald als Austauschfaktor in der Grenzschicht Erde/Atmosphäre. Forstwiss. Centralbl. 90 (3): 174—182.

BEADLE, L. C. (1974): The Inland Waters of Tropical Africa. An Introduction to Tropical Limnology. Longman, London.

BECK, A. M. (1973): The ecology of stray dogs: a study of freeranging urban animals. York Press, Baltimore.

BECK, G. (1972): Pflanzen als Mittel zur Lärmbekämpfung. Patzer Verl., Hannover, Berlin, Sarstedt.

BECKMANN, M., und KÜNZI, H. P. (1975): Lecture Notes in Economics and Mathematical Systems. Springer Verl. Berlin, Heidelberg, New York.

BERHAUSEN, E.-M. (1973): Humanpathogene Helminthen aus Fäkalien des Haushundes von Kinderspielplätzen im Stadtgebiet von Mainz (Nemathelmintes: Nematoda). Mz. Naturwiss. Arch. 12: 23—41.

BERNATZKY, A. (1970): Grünflächen und Stadtklima. Städtehygiene 6: 131—135.

— (1972): Großstadtklima und Schutzpflanzungen. Nat. u. Mus. 102 (11): 425 bis 431.

BERTHOLD, P. (1976): Methoden der Bestandserfassung in der Ornithologie: Übersicht und kritische Betrachtung. J. f. Ornithol. 117 (1): 1—69.

BESCH, W. K., JUHNKE, J., und KEMBALL, A. (1972): Zur Standardisierung des Fischwarntestes. Schr. Reihe Ver. Wass.-Boden-Lufthyg. 37: 31—37.

BESCHEL, R. (1958): Flechtenvereine der Städte; Stadtflechten und ihr Wachstum. Ber. Naturwiss.-Med. Ver. Innsbruck 52: 1—158.

BEZZEL, E. (1975): Vogelbestandsaufnahmen in der Landschaftsplanung. Verhdl. Ges. Ökologie, Erlangen: 103—112, Verl. Junk, Den Hague.

BEZZEL, E., und RANFT, H. (1974): Vogelwelt und Landschaftsplanung. Tier und Umwelt 11/12: 1—92. Verl. Kurth, Barmstedt.

BICK, H., und KUNZE, S. (1971): Eine Zusammenstellung von autökologischen und saprobiologischen Befunden an Süßwasserciliaten. Int. Revue Hydrobiol. 56 (3): 337—384.

BIGARELLA, J. J. (1965): Subsidios para o estudo das variações de nivel oceanico no quaternario brasileiro. An. Acad. Brasil. Ci. 37: 263—278.

— (1971): Variações climaticas no Quaternario Superior do Brasil es sua datação radiometrico pelo metodo do carbono 14. Paleoclimas 1: 1—22.

BISHOP, J. A. (1972): An experimental study of the cline of industrial melanism in Biston betularia (L.) (Lepidoptera) between urban Liverpool and rural North Wales. J. animal ecology 41: 209—243.

BOBEK, H., und SCHMITHÜSEN, J. (1967): Die Landschaft im logischen System der Geographie. In: Zum Gegenstand und zur Methode der Geographie. Wissenschaftliche Buchgesellschaft, Darmstadt.

BORNKAMM, R. (1961): Vegetation und Vegetations-Entwicklung auf Kiesdächern. Vegetatio 10: 1—24.

— (1974): Die Unkrautvegetation im Bereich der Stadt Köln. Decheniana 126 (1/2): 267—306, 307—332.

BORTENSCHLAGER, S. (1969): Flechtenverbreitung und Luftverunreinigung in Wels. Naturkdl. Jb. Stadt Linz 1969: 207—212.

BORTENSCHLAGER, S., und SCHMIDT, H. (1963): Untersuchung über die epixyle Flechtenvegetation im Großraum Linz. Naturkdl. Jb. Stadt Linz 1963: 19—35.

BRAUNS, A. (1968): Praktische Bodenbiologie. Fischer Verl. Stuttgart.

BRIDGES, E. M. (1970): World Soils. Cambridge Univ. Press.

BROCK, T. D. (1967): Life at high temperatures. Science 158: 1012—1019.

— (1969): Microbial growth under extreme environments. Symp. Soc. gen. Microbiol. 19: 15—41.

BRODO, J. M. (1966): Lichen growth on cities: a study on Long Island, New York. Bryologist 69 (4): 427—469.

BROOKS, R. R. (1972): Geobotany and Biogeochemistry in Mineral Exploration. Harper u. Row Publ., New York, London.

BROWN, K. S., SHEPPARD, P. M., und TURNER, J. R. (1974): Quaternary refugia in tropical America: evidence from race formation in Heliconius butterflies. Proc. R. Soc. London 187: 369—378.

BRUCKMAYER, F. (1973): Minderung des städtischen Verkehrslärms. Technik und Umweltschutz, VEB Verl. Leipzig.

BRUES, CH. T. (1928): Studies on the fauna of hot springs in the western United States and the biology of thermophilous animals. Proc. Amer. Acad. Arts Sci. 63: 129—228.

BRUNDIN, L. (1972): Circum-Antarctic distribution patterns and continental drift. XVII Congr. internat. zool. Biogéographie et liaisons inter-continentales au cours du Mésozoique. Monte Carlo (Manuskript).

BUCHWALD, K. (1974): Der ländliche Raum als ökologischer Ausgleichsraum für die Verdichtungsgebiete. Umwelt und Gesellschaft, 51—61.

BUGMANN, E. (1975): Die formale Umweltqualität. Vogt-Schild Verl., Solothurn.

BUNTING, B. T. (1965): The Geography of Soil. Hutchinson, London.

BURRICHTER, E. (1970): Beziehungen zwischen Vegetations- und Siedlungsgeschichte im nordwestlichen Münsterland. Vegetatio 20: 199—209.

BUSVINE, J. R. (1975): Arthropod Vectors of Disease. Verl. E. Arnold, London.

CAROL, H. (1963): Zur Theorie der Geographie. Mitt. Österr. Geogr. Ges. 105: 23 bis 38.

CHANDLER, T. J. (1965): The climate of London. Hutchinson, London.
— (1970): Selected Bibliography on Urban Climate. WHO 276, TP. 155, Genf.
CHANGNON, S. A. (1970): Recent studies of urban effects on precipitation in the United States. World Meteorological Organization 108: 325—341.
CHAPIN, J. P. (1932): Birds of the Belgian Congo. Amer. Mus. Nat. Hist. 65.
CHROMETZKA, P. (1973): Die Ursachen und die weiteren Folgen des Bodenabtrags auf landwirtschaftlichen Nutzflächen, insbesondere im Hopfenbau. Wasser und Abwasser 11: 328—331, München.
CLAIRE, W. M. H. (1973): Handbook on Urban Planning. Van Nostrand Reinhold Comp., New York.
CLEVE, K. (1970): Die Erforschung der Ursachen für das Auftreten melanistischer Schmetterlingsformen im Laufe der letzten hundert Jahre. Z. angew. Ent. 65: 371—387.
COLINVAUX, P. A. (1973): Introduction to Ecology. John Wiley & Sons, Inc., New York, London, Sydney, Toronto.
COLLIER, B. D., COX, G. W., JOHNSON, A. W., und MILLER, PH. C. (1973): Dynamic Ecology. Prentice-Hall, Englewood Cliffs, London.
COOK, D. J. und HAVERBEKE, D. F. VAN (1971): Trees and Shrubs for noise abatement. U.S. Departm. of Agriculture, Forest Service, Res. Bull. 246.
CRAWFORD, M. D., GARDNER, M. J., und MORRIS, J. N. (1971): Changes in water hardness and local death-rates. Lancet 2: 327—329.

DANSEREAU, P. (1957): Biogeography, an ecological perspective. Ronald Press, New York.
— (1970): Challenge for Survival. Columbia Univ. Press, New York.
DELANEY, P. J. V. (1963): Quaternary Geology History of the Coastal Plain of Rio Grande do Sul. Louisiana State Univ. Studies, Coastal Studies, Ser. 7.
— (1966): Geology and geomorphology of the coastal plain of Rio Grande do Sul, Brazil and northern Uruguay. Baton Rouge.
DETWYLER, T. R., und MARCUS, M. G. (1972): Urbanization and environment: the physical geography of the city. North Scituate, Mass: Duxbury Press.
DJALALI, B., und KREEB, K. (1974): Flechtenkartierung und Transplantatuntersuchungen im Stadtgebiet von Stuttgart. Verhdl. Ges. Ökol. Saarbrücken, 413 bis 420, Verl. Junk, Den Hague.
DOMRÖS, M. (1966): Luftverunreinigung und Stadtklima im rheinisch-westfälischen Industriegebiet und ihre Auswirkung auf den Flechtenbewuchs der Bäume. Bonn.
DÖRRE, A. (1926): Kälteindustrie und Mäuseschäden. Mitt. Ges. Vorratsschutz 2: 23—24.
DUNCAN, O. D. (1969): Humanökologie (Human Ecology). In: Bernsdorf (Hrsg.).

EDWARDS, R. W., und GARROD, D. J. (1972). Conservation and Productivity of Natural Waters. Acad. Press, New York.
EHRLICH, P. R., EHRLICH, A. H., und HOLDREN, J. P. (1973): Human Ecology. Problems and Solutions. W. H. Freeman, San Francisco.
EISENTRAUT, M. (1968): Die tiergeographische Bedeutung des Oku-Gebirges im Bamenda-Banso-Hochland (Westkamerun). Bonn. Zool. Beitr. 19: 170—175.

— (1970): Eiszeitklima und heutige Tierverbreitung im tropischen Westafrika. Umschau 3: 70—75.

Ellenberg, H. (1973): Die Ökosysteme der Erde. In: Ökosystemforschung. G. Fischer, Stuttgart.

— (1974): Zeigerwerte der Gefäßpflanzen Mitteleuropas. Scripta Geobotanica 9: 1—97.

Elster, H. J. (1968): Was ist „Limnologie"? Gas- und Wasserfach 109: 651—652.

Elton, C. (1927): Animal Ecology. Siggwick and Jackson, London.

Eriksen, W. (1971): Die stadtklimatischen Konsequenzen städtebaulicher Entwicklung. Städtehygiene 22 (11): 259—262.

— (1975): Probleme der Stadt- und Geländeklimatologie. Wiss. Buchgesell., Darmstadt.

Ernst, W. (1974): Schwermetallvegetation der Erde. Fischer Verl., Stuttgart.

Erz, W. (1964): Populationsökologische Untersuchungen an der Avifauna zweier norddeutscher Großstädte. Z. Wiss. Zool. 170: 1—111.

Falinski, J. B. (1971): Synanthropisation of plant cover. II. Synanthropic flora and vegetation of towns connected with their natural conditions, history and function. Mater Zakl. Fitosoc. Stos. Warszawa-Bialowieza 27: 1—137.

Farkasdi, G. (1973): Stand der Erkenntnisse über die polyzyklischen aromatischen Kohlenwasserstoffe unter besonderer Berücksichtigung ihres Vorkommens in Siedlungsabfallkomposten. Wasser und Abwasser 7: 218—220.

Fassbender, Ch. P. (1975): Zur umwelthygienischen Bedeutung des Schwermetalls Cadmium. Umwelthygiene 6: 168—170.

Feldhaus, G., und Hansel, G. (1975): Bundes-Immissionsschutzgesetz mit Durchführungsverordnung sowie TA Luft und TA Lärm. Dtsch. Fachschr.-Verl., Mainz und Wiesbaden.

Felföldy, L. (1942): Über den Einfluß der Stadtluft auf die Flechtenvegetation der Bäume in Debrecen. Acta Geob. Hungaria 4: 332—349.

Ferry, D., Baddeley, M., und Hawksworth, D. L. (1973): Air Pollution and Lichens. London.

Firnhaber, W. (1974): Epidemiologische Aspekte der multiplen Sklerose. Deutsches Ärzteblatt 38: 2708—2712.

Fjerdingstad, E. (1964): Pollution of streams estimated by benthal phytomicroorganisms. I. A saprobic system based on communities of organisms and ecological factors. Int. Revue ges. Hydrobiol. 49 (1): 63—131.

— (1965): Taxonomy and saprobic valency of benthic phytomicro-organisms. Int. Revue ges. Hydrobiol. 50: 475—604.

Flickinger, H.-G., und Summerer, St. (1975): Voraussetzungen erfolgreicher Umweltplanung in Recht und Verwaltung. Schwartz & Co., Verl., Göttingen.

Forrester, J. W. (1971): Planung unter dem dynamischen Einfluß komplexer sozialer Systeme. In: Politische Planung in Theorie und Praxis. Piper-Verl., München.

— (1972): Grundsätze einer Systemtheorie. Gabler Verl., Wiesbaden.

Forstner, W., und Hübl, E. (1971): Ruderal-, Segetal- und Adventivflora von Wien. Wien.

FÖRSTNER, U., und MÜLLER, G. (1974): Schwermetalle in Flüssen und Seen. Springer-Verl., Berlin, Heidelberg, New York.

FRANZ, H. (1969): Vergleich der Hochgebirgsfaunen in verschiedenen Breiten der Westpaläarktis. Verhdl. Dtsch. Zool. Ges., Innsbruck.

— (1975): Die Bodenfauna der Erde in biozönotischer Betrachtung. 2 Bd. Steiner Verl. Wiesbaden.

FRÄNZLE, O. (1976): Die Schwankungen des pleistozänen Hygroklimas in Südost-Brasilien und Südost-Afrika. Festschrift Sioli, Biogeographica 7: 143—162, Verl. Junk, Den Hague.

FRENZEL, B. (1960): Die Vegetations- und Landschaftszonen Nord-Eurasiens während der letzten Eiszeit und während der postglazialen Wärmezeit. Akad. Wiss. Lit. Mainz, Abh. Math.-Nat. Kl. 13.

— (1968): Grundzüge der pleistozänen Vegetationsgeschichte Nord-Eurasiens. Wiesbaden.

FREY, B. S. (1972): Umweltökonomie. Göttingen.

FRIEDERICHS, K. (1937): Ökologie als Wissenschaft von der Natur. Bios 7, Leipzig.

FRIEDRICH, G. (1973): Ökologische Untersuchungen an einem thermisch anomalen Fließgewässer (Erft/Niederrhein). Schriftenr. Landesanst. Gewässerkd. und Gewässerschutz NRW 33: 1—125.

FROEBE, H., und OESAU, A. (1969): Zur Soziologie und Propagation von Iva xanthifolia im Stadtgebiet von Mainz. Decheniana 122 (1): 147—157.

GANSEN, R. (1965): Grundsätze der Bodenbildung. B. I. Hochschultaschenbücher, Bibl. Inst., Mannheim, Wien und Zürich.

GARBER, K. (1967): Luftverunreinigung und ihre Wirkung. Berlin.

— (1974): Schwermetalle als Luftverunreinigungen — Blei-, Zink-, Cadmium-Beeinflussung der Vegetation. Staub Reinhalt. Luft 34 (1): 1—7.

GEHLEN, A. (1961): Anthropologische Forschung. Verl. Rowohlt, Hamburg.

GENTILLI, J. (1949): Foundations of Australian bird geography. Emu 49: 85—129.

GERASIMOV, I. P., und GLAZOVSKAJA, M. A. (1960): Grundlagen der Bodenkunde und Bodengeographie. Moskau (russ.).

GERLACH, S. (1975): Über das Ausmaß der Meeresverschmutzung. Verhdl. Ges. Ökologie, Erlangen, 203—210. Verl. Junk, Den Hague.

GIESEN-HILDEBRAND, D. (1975): Die Planarienfauna der Siebengebirgsbäche. Decheniana 128: 21—29.

GILBERT, O. L. (1969): The effect of SO_2 on lichens and bryophytes around Newcastle upon Tyne. Air Pollution Wageningen, 223—235.

GILL, D., und BONNETT, P. A. (1973): Nature in the urban landscape: a study of city ecosystems. York Press, Baltimore.

GOEBBELS, R. (1947): Die Ruderalflora der Trümmer Kölns. Zulassungsarbeit, Mskr. Köln.

GOEZE, J. A. E. (1795): Europäische Fauna oder Naturgeschichte der europäischen Thiere in angenehmen Geschichten und Erzählungen für allerley Leser vorzüglich für die Jugend. Leipzig.

GOLDRING, I. (1967/1970): Pulmonary effects sulfur dioxide exposure in the Syrian Hamster. Arch. Environmental Health 5: 167—176, 21: 32—37.

GOLTERMAN, H. L. (1975): Physiological Limnology. An Approach to the Physiology of Lake Ecosystems. Elsev. Scient. Publ., Amsterdam.

GOOSEN, D. (1964): Geomorfologia de los Llanos orientales. Rev. Acad. Col. Cien. Ex., Fis. y Nat. 12: 129—139.

GOSSRAU, E., STEPHANY, H., CONRAD, W., und DÜRRE, W. (1976): Handbuch des Lärmschutzes und der Luftreinhaltung. Band 1—3, Schmidt Verl. Berlin.

GRADMANN, R. (1898): Das Pflanzenleben der Schwäbischen Alb. Tübingen.

— (1906): Beziehungen zwischen Pflanzengeographie und Siedlungsgeschichte. G. Z. 12: 305—325.

— (1940): Wald und Siedlung im vorgeschichtlichen Mitteleuropa. P. M. 86: 86—90.

GRANDJEAN, E. (1973): Zumutbarkeitsgrenzen beim Fluglärm. Technik und Umweltschutz, VEB Verl. Leipzig.

GRAY, D. (1972): Soil and the city. In: Urbanization and Environment. Duxbury Press, 135—168, Belmont.

GREENWALD, I. (1954): Effects of inhalation of low concentrations of sulfur dioxide on man and other mammals. Arch. Industr. Hyg. Occup. Med. 10: 455—475.

GREENWOOD, P. H. (1973): Morphology, endemism and speciation in African cichlid fishes. Verhdl. Dtsch. Zool. Ges. 66: 115—124.

GREENWORD, N. H., und EDWARDS, J. M. B. (1973): Human environments and natural systems: a conflict of dominion. North Scituate. Mass., Duxbury Press.

GREINER, J., und GELBRICH, H. (1972): Grünflächen der Stadt. VEB Verl. Berlin.

GREVE, P. A., und VERSCHUUREN, H. G. (1971): Die Toxizität von Endosulfan für Fische in Oberflächengewässern. Schrift. Ver. Wasser-, Boden-, Lufthygiene 34.

GRIMM, R., FUNKE, W., und SCHAUERMANN, I. (1975): Minimalprogramm zur Ökosystemsanalyse: Untersuchungen an Tierpopulationen in Wald-Ökosystemen. Verhdl. Ges. Ökologie, Erlangen, 77—87, Verl. Junk, Den Hague.

GRINDON, L. H. (1859): The Manchester flora. London.

GRUPE, H. (1966): Gefährdeter Lebensraum I. Über die Wirkung der Abgase auf die Baumflechten Lüneburgs und der näheren Umgebung. Jahresk. naturwiss. Verh. Fürstentum Lüneburg 29: 15—29.

GUDERIAN, R. (1960): Zur Methodik der Ermittlung von SO_2-Toleranzgrenzen für land- und forstwirtschaftliche Kulturen im Freilandversuch Biersdorf (Sieg). Staub 20 (9): 334—337.

GUDERIAN, R., und STRATMANN, H. (1968): Grenzwerte schädlicher SO_2-Immissionen für Obst- und Forstkulturen. Forsch. d. Landes N.-Westf. 1920, Westd. Verl., Köln.

GUDERIAN, R., und THIEL, K. (1973): Versuchsanlage zur Ermittlung immissionsbedingter Kombinationswirkungen an Pflanzen. Schriftenr. LIB 29: 61—64.

GUSEV, Y. D. (1968): The changes in the ruderal flora of the Leningrad region during the last 200 years. Bot. Z. 53: 1569—1579.

HAECKEL, E. (1866): Generelle Morphologie der Organismen. G. Reimer Verl., Berlin.

— (1870): Über Entwicklungsgang und Aufgabe der Zoologie. Jenaische Z. Med. Naturw. 5: 352—370.

HAEGER-ARONSON, B. (1960): Studies on the urinary excretion of delta aminolevulinic acid and other haem precursors in lead workers and in lead intoxicated rabbits. Scand. J. clin. Lab. Invest. 12: 1—128.

HAEUPLER H. (1974): Statistische Auswertung von Punktrasterkarten der Gefäßpflanzenflora Süd-Niedersachsens. Scripta Geobotanica 8: 1—141.

HAFFER, J. (1967): Speciation in Colombian Forest birds west of the Andes. Amer. Mus. Novitates 2294: 1—57.

— (1969): Speciation in Amazonian Forest Birds. Science 165: 131—137.

— (1970): Entstehung und Ausbreitung nord-andiner Bergvögel. Zool. Jb. Syst. 97: 301—337.

— (1974): Avian speciation in tropical South America. Publ. Nuttall Ornithol. Club. 14: 1—390.

HAHN, J., und AEHNELT, E. (1972): Nachweis von schädlichen Nahrungsfaktoren im Kaninchenversuch. Dtsch. Tierärztl. Wochenschr. 79: 155—157.

— (1972): Die Fruchtbarkeit der Tiere als biologischer Indikator für Umweltbelastungen. Verhdl. der Ges. f. Ökologie 1: 49—54, Gießen.

HAHN, J., GÜNTHER, D., MAERCKLIN, T., und MESSOW, C. (1972): Befunde an Fortpflanzungsorganen und Nebennieren bei Kaninchen nach Futtergaben unterschiedlicher K-Konzentration. VII. Internat. Kongr. über tier. Fortpflanzung und Haustierbesamung. München.

HAJDUK, J. (1970): Einwirkung von Industrie-Exhalationen auf die Struktur der Phytozönosen. Gesellschaftsmorphologie (Strukturforschung), W. Junk, The Hague.

HALBACH, U. (1975): Methoden der Populationsökologie. Verhdl. Ges. Ökologie, Erlangen, 1—24, Verl. Junk, Den Hague.

HANSMEYER, K. H., und RÜRUP, B. (1973): Umweltgefährdung und Gesellschaftssystem. In: Wirtschaftspolitische Chronik, 2.

HAPKE, H. (1972): Subklinische Bleivergiftung bei Schafen. Proc. Int. Symp. Environm. Health Aspects of Lead, 239—248, Amsterdam.

HAPKE, H.-J. (1974): Wirkungen und Schäden durch Blei, Cadmium und Zink bei Nutztieren. Staub-Reinhalt. Luft 34 (1): 8—10.

HAPKE, H. J., und PRIGGE, E. (1973): Interactions of Lead and Glutathione with Delta-Aminolevulinic Acid Dehydratase. Arch. Toxikol. 31: 153—161.

— (1973): Neue Aspekte der Bleivergiftung bei Wiederkäuern. Berl. Münch. Tierärztl. Wschr. 86: 410—413.

HARDY, R. N. (1972): Temperature and Animal Life. Camelot Press Ltd., London und Southampton.

HARTKAMP, H. (1975): Untersuchungen zur Immissionsstruktur einer Großstadt — Projekt „Großstadtluft". Schriftenreihe der LIB 33: 30—38.

HAUGSJA, P. K. (1930): Über den Einfluß der Stadt Oslo auf die Flechtenvegetation der Bäume. Nyt. Mag. Naturw. 68: 1—116.

HAWKSWORTH, D. L., und ROSE, F. (1970): Qualitative Scale for estimating Sulphur Dioxide Air Pollution in England and Wales using Epiphytic Lichens. Nature 227: 145—148.

HEINZE, K. (1962): Die Bedeutung der Insekten für die Ausbreitung von Viruskrankheiten im Blumen- und Zierpflanzenbau. Anzeiger für Schädlingskd. 35: 113—119.

HELLY, W. (1975): Urban Systems Models. Acad. Press, New York, San Francisco, London.

HENNIG, W. (1950): Grundzüge einer Theorie der phylogenetischen Systematik. Berlin.
— (1960): Die Dipteren-Fauna von Neuseeland als systematisches und tiergeographisches Problem. Beitr. Ent. 10: 221—329.
— (1969): Die Stammesgeschichte der Insekten. Verl. Kramer, Frankfurt.
HENNINGS, H. G. (1973): Statistische Rundschau für das Land Nordrhein-Westfalen 25 (8): 361—366, (9): 397—408, (10): 475—486.
HENSELMANN, J. (1974): Ziele der Stadtgestaltung. In: Mensch und Stadtgestalt. Deutsche Verl.-Anst., Stuttgart.
HERNBERG, S., NIKKANEN, J., TOLA, S., VALKONEN, S., und NORDMAN, C. H. (1970): Erythrocyte ALA-dehydrase as a test of lead exposure. Int. Conf. on Chem. Poll. and Hum. Ecology, Prague.
HERRE, W., und RÖHRS, M. (1973): Haustiere — zoologisch gesehen. G. Fischer Verl., Stuttgart.
HERRMANN, R. (1972): Ein multivariates Modell der Schwebstoffbelastung eines hessischen Mittelgebirgsflusses. Biogeographica 1: 87—95.
HESSE, R. (1924): Tiergeographie auf ökologischer Grundlage. Verl. Fischer, Jena.
HETTCHE, O. (1971): Pflanzenwachse als Sammler für polyzyklische Aromaten in der Luft von Wohngebieten. Staub Reinhalt. Luft 31 (2): 72—76.
— (1975): Zum Problem eines Immissionsgrenzwertes für Benzo-(A)-Pyren. Umwelthygiene 2: 46—50.
HEYDER, R. (1955): Hundert Jahre Gartenamsel. Beitr. Vogelkde. 4: 64—81.
— (1969/70): Ein Fall des Gartenbrütens der Amsel, Turdus merula, im 18. Jahrhundert. Beitr. Vogelkde. 15: 87.
HILDENBRAND, G. (1974): Kritische Betrachtungen zur Aussagefähigkeit der chemischen und physikalischen Wasseranalysen eines Fließgewässers. Verhdl. Ges. für Ökologie, Saarbrücken, 117—125, Verl. Junk, Den Hague.
HILITZER, A. (1925): Etude sur la végétation épiphyte de la Bohème. Publ. Fac. Sc. Univ. Charles 41, Prag.
HÖHMANN, H.-H., SEIDENSTECHER, G., und VAJNA, TH. (1973): Umweltschutz und ökonomisches System in Osteuropa. Kohlhammer Verl., Stuttgart.
HOWER, J., PRINZ, B., GONO, E., und REUSMANN, G. (1974): Untersuchungen zum Zusammenhang zwischen dem Blutbleispiegel bei Neugeborenen und der Bleiimmissionsbelastung der Mutter am Wohnort. Int. Symp. "Environment and Health", Paris.
HUFTY, A. (1970): Les conditions du rayonnement en ville. WHO, T. N. 108: 65—69.
HUMBOLDT, A. VON (1808): Ansichten der Natur. 1. Aufl., Cotta.
HURKA, H., und WINKLER, S. (1973): Statistische Analyse der rindenbewohnenden Flechtenvegetation einer Allee Tübingens. Flora 162: 61—80.
HURT, W. R. (1964): Recent radiocarbon dates for Central and Southern Brazil. Amer. Antiq. 30: 25—33.

IGLISCH, I. (1975): Potentielle Brutgewässer für Hausmücken (Arten aus der Culex-pipiens-Gruppe) im städtischen Bereich. Umwelthygiene 6: 151—156.
ILLIES, J. (1961): Verbreitungsgeschichte der Plecopteren auf der Südhemisphäre. XI. Int. Ent. Kongr. Wien 1: 467—480.
— (1967): Limnofauna Europas. Stuttgart.

Jägeler, F. J. (1975): Die Rohstoffabhängigkeit der Bundesrepublik Deutschland. Weltarchiv Verl., Hamburg.

Jäger, H. (1963): Zur Geschichte der deutschen Kulturlandschaften. G. Z. 51: 90—142.

Jalas, J. (1955): Hemerobe und hemerochore Pflanzenarten. Ein terminologischer Reformversuch. Acta Soc. Fauna Flora Fenn. 72: 1—15.

— (1961): Fälle von Introgression in der Flora Finnlands, hervorgerufen durch die Tätigkeit des Menschen. Fennia 85: 58—81.

Janssen, C. R. (1960): On the late glacial and post-glacial vegetation of South-Limburg. Amsterdam.

Jenkins, J. (1969): Increase in averages of sunshine in Central London, WHO, T. N. 108: 292—294.

Joiris, C. (1974): La contamination par pesticides organochlores des oiseaux de proie en Belgique. Bull. Recherches Agronom. Gembloux 479—483.

Joos, H.-P. (1975): Die Zusammensetzung der Bodenarthropodenfauna in der Umgebung einer Bundesautobahn. Staatsexamensarbeit, Biogeographie, Saarbrücken.

Jovet, P. (1954): Paris, sa flore spontanée, sa végétation. Notices et itineraires du VIIIe Congress International de Botanique 11 (3): 21—60, Paris.

Junk, H. (1975): Verbreitung und Variabilität von Biston betularia L. Staatsexamensarbeit, Biogeographie, Saarbrücken.

Jürging, P. (1975): Epiphytische Flechten als Bioindikatoren der Luftverunreinigung — dargestellt an Untersuchungen und Beobachtungen in Bayern. Bibliotheca Lichenologica 4.

Jusatz, H. J. (1966): Alte Seuchen auf neuen Wegen. Bild der Wissenschaft, 390—398.

Kadro, A., und Kenneweg, H. (1973): Das Baumsterben auf dem Farb-Infrarot-Luftbild. Das Gartenamt 3: 149—157.

Kaiser, H. (1975): Populationsdynamik und Eigenschaften einzelner Individuen. Verhdl. Ges. Ökologie, Erlangen, 25—38, Verl. Junk, Den Hague.

Kargian, A. Ch. (1971): Zirkulation des Ozons in der Erdatmosphäre. Umschau 71: 751.

Kast, W. (1973): Verfahrenstechnik im Umweltschutz. V. D. I.-Berichte 189: 59—71.

Keast, A. (1959): Vertebrate speciation in Australia: some comparisons between birds, marsupials and reptiles. Symp. Roy. Soc. Victoria, Melbourne Univ. Press.

— (1961): Bird speciation on the Australian continent. Bull. Mus. Comp. Zool. Harvard Coll. 123: 305—495.

— (1968): Evolution of mammals on southern continents. IV, Australian mammals: Zoogeography and Evolution. Quaterly Rev. Biol. 43 (4): 373—408.

Keil, U., und Backsmann, E. (1975): Soziale Faktoren und Mortalität in einer Großstadt der BRD. Arbeitsm.-Sozialm.-Prävention 1: 4—9.

Keil, U., Pfalnz M., und Wolf, E. (1975): Hartes und weiches Trinkwasser und seine Beziehungen zur Mortalität, besonders an kardiovaskulären Krankheiten in der Stadt Hannover in den Jahren 1968 und 1969. Umwelthygiene 4: 110—117.

Keller, E. (1976): Müll darf kein Müll mehr bleiben. Der Leitende Angestellte 1: 12—13.

KELLER, TH. (1971): Die Bedeutung des Waldes für den Umweltschutz. Schweiz. Z. Forstwesen 122 (12): 600—613.

KETTLEWELL, H. B. D. (1955): Selection experiments on industrial melanism in the Lepidoptera. Heredity 9: 323—342.

— (1973): The evolution of melanism. Oxford.

KINZELBACH, R. (1972): Einschleppung und Einwanderung von Wirbellosen in Ober- und Mittelrhein. Mz. Naturw. Arch. 11: 109—150.

KIRSCHBAUM, U. (1973): Auswirkungen eines industriell-urbanen Ballungsraumes auf die epiphytische Flechtenvegetation in der Region Untermain. Dissertation, Gießen.

KLEMENT, O. (1958): Die Flechtenvegetation der Stadt Hannover. Beitr. Naturkd. Niedersachsens 11: 56—60.

— (1966): Vom Flechtensterben im nördlichen Deutschland. Ber. naturhist. Ges. Hannover 110: 55—66.

KLINK, H. J. (1974): Geoecology and Natural Regionalization — Bases for environmental Research. Applied Sciences 4: 48—74, Tübingen.

KLOEPFER, M. (1975): Deutsches Umweltschutzrecht. Schulz, Percha am Starnberger See.

KLOKE, A. (1974): Blei-, Zink-, Cadmium-Anreicherung in Böden und Pflanzen. Staub Reinhalt. Luft 34 (1): 18—21.

KLOKE, A., und RIEBARTSCH, K. (1964): Verunreinigung von Kulturpflanzen aus Kraftfahrzeugabgasen. Naturwissensch. 51: 367—368.

KLOMANN, U. (1975): Das Computerprogramm zur Erfassung der westpalaearktischen Tierarten in der BRD. Atalanta 6 (4): 232—237.

KLOMANN, U., und MÜLLER, P. (1975): Ökologischer Informationskataster für das Saarland. Mitt. Biogeogr. Abt. Geogr. Inst. Univ. Saarl. 7: 1—24.

KLOPFER, P. H. (1968): Ökologie und Verhalten. G. Fischer, Stuttgart.

KLOSTERKÖTTER, W. (1972): Kriterien zur Aufstellung von Immissionsrichtwerten für Geräusche. Kampf dem Lärm 5: 113—119.

— (1973): Medizinisch-physiologische Lärmforschung — einige Ergebnisse und Hypothesen. Technik und Umweltschutz, VEB Verl., Leipzig.

KNABE, W. (1974): Leitfaden zur Kartierung der Schutz- und Erholungsfunktionen des Waldes (Waldfunktionenkartierung). Sauerländer's Verl.

KNABE, W., und STRAUCH, H. (1975): Richtlinien für die Abgrenzung von Lärmschutzwald. Schriftenreihe der LIB 34: 66—76.

KNAUF, W., und SCHULZE, E.-F. (1972): Langzeiteinfluß subletaler Herbiziddosen auf einige Vertreter der Wasserfauna und -flora am Beispiel von Luniron und Monolinuron. Schr. Reihe Ver. Wass.-Boden-Lufthyg. 37: 231—239.

KOEMAN, J. H. (1975): The toxicological importance of chemical pollution for marine birds in the Netherlands. Die Vogelwarte 28 (2): 145—150.

KOHLER, A. (1975): Veränderung natürlicher submerser Fließgewässervegetation durch organische Belastung. Daten und Dokumente zum Umweltschutz 14: 59—66.

— (1976): Makrophytische Wasserpflanzen als Bioindikatoren für Belastungen von Fließgewässer-Ökosystemen. Verhdl. Ges. Ökol., Wien, 255—276, Verl. Junk, Den Hague.

KOLENBRANDER, G. J. (1974): Evaluation of contribution of agriculture to eutrophication of shallow surface waters. Bull. Rech. Agron. de Gembloux, Semaine d'étude agriculture et environment, 113—126.

Kolkwitz, R., und Marsson, M. (1908): Ökologie der pflanzlichen Saprobien. Ber. Dtsch. Bot. Ges. 26 (A): 505—519.

— (1909): Ökologie der tierischen Saprobien. Int. Rev. Hydrobiol. 2: 126—152.

König, R. (1967): Soziologie. Fischer Lexikon, Frankfurt.

Kovalskij, V. V. (1963): Entstehung und Evolution der Biosphäre. Usp. sovr. Biol. 55: 45—67.

Kozhov, M. (1963): Lake Baikal and its life. Verl. Junk, Den Hague.

Krause, G. (1975): Phytotoxische Wechselwirkungen zwischen Schwefeldioxid und den Schwermetallen Zink und Cadmium. Schriftenr. LIB 34: 86—91.

Krause, W. (1971): Die makrophytische Wasservegetation der südlichen Oberrheinaue. Arch. Hydrobiol. Suppl. 37 (4): 387—465.

Krebs, Ch. (1972): Ecology, the experimental analysis of distribution and abundance. Harper Int. Edit., New York, Evanston, San Francisco, London.

Krebs, K., Bauer, E., Djalali, B., Ehmke, W., und Schmidt, R. (1973): Biologisch-ökologische Indikationen der Umweltbelastung im Raum Stuttgart-Eßlingen. Schrift. Univ. Hohenheim 74. Verl. Ulmer, Stuttgart.

Kreh, W. (1951): Verlust und Gewinn der Stuttgarter Flora im letzten Jahrhundert. Jh. Ver. vaterl. Naturkd. Württemberg 106: 69—124.

— (1960): Die Pflanzenwelt des Güterbahnhofs in ihrer Abhängigkeit von Technik und Verkehr. Mitt. florist.-soziol. Arbeitsgemeinschaft 3: 86—109, Stolzenau.

Kubíena, W. (1948): Entwicklungslehre des Bodens. Wien.

Kühnelt, W. (1955): Gesichtspunkte zur Beurteilung der Großstadtfauna (mit besonderer Berücksichtigung der Wiener Verhältnisse). Österr. Zool. Z. 6: 30—54.

— (1969): Zur Ökologie der Schneerandfauna. Verhdl. Dtsch. Zool. Ges., Innsbruck.

— (1970): Grundriß der Ökologie. Fischer, Stuttgart.

Kumpf, W., Maas, K., und Straub, H. (1975): Müll- und Abfallbeseitigung. Schmidt Verl., Berlin.

Kunick, W. (1974): Veränderungen von Flora und Vegetation einer Großstadt dargestellt am Beispiel von Berlin (West). Diss. Techn. Univ. Berlin.

Kunze, M. (1972): Emittentenbezogene Flechtenkartierung auf Grund von Frequenzuntersuchungen. Oecologica 9: 123—133.

— (1974): Die Beeinflussung epiphytischer Flechten durch Luftverunreinigungen. Untersuch. der klimatischen und lufthygienischen Verhältnisse der Stadt Freiburg i. Br. Freiburg.

Lamm, S. H., et al. (1972): Turtle associated salmonellosis. 1. An estimation of the magnitude of the problem in the United States 1970—1971. Am. J. Epidemiol. 95: 511—517.

Lang, G. (1969): Die Ufervegetation des Bodensees im farbigen Luftbild. Landeskdl. Luftbildauswertung im mitteleuropäischen Raum. 8, Bonn-Bad Godesberg.

Lanphear, F. O. (1971): Urban vegetation: values and stresses. Hortscience 6: 332 bis 334.

Lattin, G. de (1959): Postglaziale Disjunktionen und Rassenbildung bei europäischen Lepidopteren. Verhdl. Dtsch. Zool. Ges. Frankfurt.

— (1967): Grundriß der Zoogeographie. Verl. Fischer, Jena.

LAUDON, J. R. (1967): A study of the lichen flora of London. Lichenologist 3: 277—327.

LECLERCQ, J. (1974): La ville refuge d'une flore et d'une faune caractéristique. Bull. Rech. Agron. Gembloux, 569—578, Gembloux.

LEES, D. R., CREED, E. R., und DUCKETT, J. G. (1973): Atmospheric pollution and industrial melanism. Heredity 30: 227—232.

LEHN, H. (1974): Phytoplanktonänderungen im Bodensee und einige Folgeprobleme. Verhdl. Ges. für Ökologie, Saarbrücken, 225—235. Verl. Junk, Den Hague.

— (1976): Veränderungen im Stoffhaushalt des Bodensees. Verhdl. Ges. Ökologie, Wien, 121—128. Verl. Junk, Den Hague.

LEIBBRAND, K. (1971): Die Zukunft der Städte. Umschau 71: 407—411.

LEMÉE, G. (1967): Précis de Biogéographie. Masson & Cie. Paris.

LENZ, M. (1971): Zum Problem der Erfassung von Brutvögelbeständen in Stadtbiotopen. Die Vogelwelt 92 (2): 41—52.

LEONARD, R. E. (1971): Effects of trees and forests in noise abatement. Planning and Resource Development, Series Monograph 17: 35—58, Massachusetts.

LESER, H. (1976): Landschaftsökologie. Ulmer Verl., Stuttgart.

LI, H. L. (1969): Urban botany: need for a new science. Bioscience 19: 882 bis 883.

LIEBMANN, H. (1962): Handbuch der Frischwasser- und Abwasserbiologie I. 2. Aufl. München.

— (1969): Der Wassergüteatlas. Seine Methodik und Anwendung. München.

LIETH, H., und WHITTAKER, R. H. (1975): Primary productivity of the Biosphere. Springer-Verl., Berlin, Heidelberg, New York.

LITTLE, S. L., und NOYES, J. H. (1971): Trees and forests in an urbanizing environment. Planning and Resource Development, Series Publ. 17. Massachusetts.

LOCKWOOD, J. G. (1974): World Climatology. Arnold, London.

LOHMEYER, W. (1952): Naturlandschaftskarte des Gebietes beiderseits der Mittelweser zwischen Dümmer, Steinhuder Meer und Bremen 1:300 000. Mitt. d. Flor. soz. Arbeitsgem. 3.

LÖTSCHERT, W., und KÖHM, H. J. (1973): Baumborke als Anzeiger von Luftverschmutzungen. Umschau 73: 403—404.

LÜBCKE, E., und MITTAG, G. (1965): Versuche zur subjektiven Beurteilung von Geräuschen. Acoustica Beih. 15.

LUDWIG, G. (1966): Probleme im Paläozoikum des Amazonas- und des Maranhão-Beckens in erdölgeologischer Sicht. Erdöl und Kohle, Erdgas, Petrochemie 19: 798—807.

— (1968): Die geologische Entwicklung des Marajó-Beckens in Nordbrasilien. Geol. Jb. 86: 845—878.

LYELL, CH. (1875): Principles of geology. 12. Aufl., London.

MACARTHUR, R. (1955): Fluctuations of animal populations, and a measure of community stability. Ecology 36: 533—536.

MACARTHUR, R. H. (1972): Geographical Ecology. Patterns in the Distribution of Species. Harper & Row Publ., New York.

MacArthur, R. H., und Wilson, E. O. (1971): Biogeographie der Inseln. Verl. Goldmann, München.
Mäcke, P. A., und Hensel, H. (1975): Arbeitsmethode der städtischen Verkehrsplanung. Bauverlag, Wiesbaden und Berlin.
Magaard, L., und Rheinheimer, G. (1974): Meereskunde der Ostsee. Springer Verl., Berlin, Heidelberg, New York.
Mägdefrau, K. (1960): Flechtenvegetation und Stadtklima. Naturwissenschaftliche Rdsch. 13: 210—214.
Manshard, W. (1973): Man and the biosphere. Applied Sciences 1: 60—65.
Margalef, R. (1957): La teoria de la informacion en ecologia. Mem. Real. Acad. Cienc. Artes Barcelona 32 (13): 373—436.
— (1958): Information theory in ecology. Gen. Systems 3: 37—71.
— (1975): Perspectives in ecological theory. 4. Aufl., Chicago, London.
Mags (1975): Schallausbreitung in bebauten Gebieten. Düsseldorf.
Matsumura, F. (1975): Toxicology of Insecticides. Plenum Press, New York und London.
Matsumura, Y. (1970): The effects of ozone, nitrogen dioxide and sulfur dioxide on the experimentally induced allergic respiratory disorder in guinea pigs. Amer. Rev. Resp. Dis. 102: 430—447.
Matter, L., Schenker, D., und Schneider, W. (1975): Schwermetallkonzentrationen in partikelförmigen Luftbeimengungen der Atmosphäre von Industrieballungsgebieten. Forum Umwelt Hygiene 8: 232—233.
Maurer, W. (1969): Rindenflechten und Luftverunreinigung im Stadtgebiet von Graz. Reinhaltung der Luft. Beiträge über Graz 1: 23—40.
Mayer, R. (1972): Bioelementeinflüsse im Wurzelraum saurer Waldböden. Mitt. Dtsch. Bodenkd.ges. 16: 136—145.
Mayr, E. (1967): Artbegriff und Evolution. Parey Verl., Hamburg und Berlin.
— (1975): Grundlagen der Zoologischen Systematik. Verl. Parey, Hamburg und Berlin.
McLusky, D. S. (1971): Ecology of estuaries. Heinemann Books Ltd., London.
Meier, H.-P., und Müller, R. (1975): Die Beeinträchtigung der Wohnhygiene durch Lärm. Umwelthygiene 2: 54—60.
Meister, F. J. (1970): Die schall- und lufthygienische Bedeutung der Grünanlagen im Verkehrs- und Siedlungsraum der Landschaft. Kurz und Gut 2.
Miller, St. L., und Orgel, L. E. (1974): The Origins of Life on the Earth. Prentice-Hall, Inc., Englewood Cliffs, New Jersey.
Mohr, E., und Dunker, G. (1930): Vom „Formenkreis" Mus musculus. Zool. Jb. Syst. 56: 65—72.
Moll, W. (1975): Zur „Vinylchlorid-Krankheit". Umwelthygiene 8: 235—236.
Moore, N. V. (1966): A pesticide monitoring system with special reference to the selection of indicator species. J. appl. Ecol. 3: 261—269.
— (1974): Pesticide monitoring from the national and international points of view. Bull. Recherches Agronom. Gembloux, Vol. extraord., 464—478.
Moreau, R. E. (1933): Pleistocene climatic changes and their distribution of life in East Africa. J. Ecol. 21: 415—435.

— (1963): Vicissitudes of the African biomes in the Late Pleistocene. Proc. Zool. Soc. London 141: 395—421.
— (1966): The Bird Faunas of Africa and its Islands. London und New York.
— (1969): Climatic changes and the distribution of forest vertebrates in West Africa. J. Zool. 158: 39—61.
MORIARTY, F. (1968): The toxicity and sublethal effects of p, p' — DDT and Dieldrin to Aglais urticae (L.). (Lepidoptera: Nymphalidae) and Chorthippus brunneus (THUNBERG) (Saltatoria: Acrididae). Ann. appl. Biol. 62: 371—393.
MÜCKENHAUSEN, E. (1962): Entstehung, Eigenschaften und Systematik der Böden der Bundesrepublik Deutschland. Frankfurt.
MÜLLER, G. (1965): Die Salmonellen im Lebensraum einer Großstadt. Beiträge zur Hygiene und Epidemiologie. Barth Verl., Leipzig.
— (1966): Die Sedimentbildung im Bodensee. Naturwissensch. 53, Berlin.
MÜLLER, P. (1968): Die Herpetofauna der Insel von São Sebastião (Brasilien). Saarbrücken.
— (1969): Herpetologische Beobachtungen auf der Insel Marajó. Datz 22 (4): 117 bis 121.
— (1970): Vertebratenfaunen brasilianischer Inseln als Indikatoren für glaziale und postglaziale Vegetationsfluktuationen. Abhdl. Dtsch. Zool. Ges. Würzburg 1969: 97—107.
— (1971): Biogeographische Probleme des Saar-Mosel-Raumes, dargestellt am Hammelsberg bei Perl. Faun.-flor. Not. aus dem Saarl. 4 (1/2): 1—14.
— (1971): Ausbreitungszentren und Evolution in der Neotropis. Mitt. Biogeogr. Abt. Univ. Saarl. 1: 1—20, Saarbrücken.
— (1972): Die Bedeutung der Ausbreitungszentren für die Evolution neotropischer Vertebraten. Zool. Anz. 189 (3/4): 121—159.
— (1972): Der neotropische Artenreichtum als biogeographisches Problem. Festb. Brongersma, Zool. Med. 47: 88—110.
— (1972): Biogeographie und die „Erfassung der Europäischen Wirbellosen". Ent. Z. 82 (3): 9—14.
— (1972): Die Bedeutung der Biogeographie für die ökologische Landschaftsforschung. Biogeographica 1: 25—54, Verl. Junk, Den Hague.
— (1972): Lärmbelastung im Industriegebiet Süd (Saarbrücken) und ihre Verringerung durch Schutzpflanzungen. Saarbrücken.
— (1973): The Dispersal Centres of Terrestrial Vertebrates in the Neotropical Realm. Biogeographica 2: 1—244, Verl. Junk, Den Hague.
— (1973): Die Verbreitung der Tiere. Grzimeks Tierleben 16: 401—445, Kindler Verl., Zürich.
— (1973): Probleme des Ökosystems einer Industriestadt, dargestellt am Beispiel von Saarbrücken. Verhdl. Ges. f. Ökologie, 123—132, Gießen.
— (1973): Ökologische Kriterien für die Raumordnung in der BRD. Wiss. Gutachten für das Bundesministerium für Raumordnung. 143 pp., Bonn-Bad Godesberg.
— (1974): Beiträge der Biogeographie zur Geomedizin und Ökologie des Menschen. Fortschritte der Geomedizinischen Forschung, 88—109, Steiner Verl., Wiesbaden.
— (1974): Aspects of Zoogeography. Verl. W. Junk, Den Hague, pp. 208.

MÜLLER, P. (1974): Erfassung der westpaläarktischen Invertebraten. Fol. Ent. Hung. 27: 405—430.

— (1975): Biogéographie et évolution en Amérique du Sud. C. R. Soc. Biogéogr., Séance 448: 15—22.

— (1975): Ökologische Kriterien für die Raum- und Stadtplanung. Umwelt-Saar 1974: 6—51.

— (1975): Biogeographie und Umweltplanung. Aus Forschung und Lehre 8: 1—40, Univ. des Saarlandes, Saarbrücken.

— (1976): Voraussetzungen für die Integration faunistischer Daten in die Landesplanung der BRD. Vegetationskd. 10: 27—47, Bonn-Bad Godesberg.

— (1977): Tiergeographie. Verl. Teubner, pp. 268, Stuttgart.

— (1977): Erfassung der westpalaearktischen Tiergruppen in der BRD. Decheniana 130: 229—253, Bonn,

MÜLLER, P., und BLATT, G. (1975): Die Mortalitätsrate von Importschildkröten im Saarland. Salamandra.

MÜLLER, P., KLOMANN, U., NAGEL, P., REIS, H., und SCHÄFER, A. (1975): Indikatorwert unterschiedlicher biotischer Diversität im Verdichtungsraum von Saarbrücken. Verh. Ges. Ökologie, Erlangen 1974: 113—128, Verl. Junk, Den Hague.

MÜLLER, P., und SCHÄFER, A. (1976): Diversitätsuntersuchungen und Expositionstests in der mittleren Saar. Umwelt-Forum 2: 43—46.

MÜLLER, P., und SCHMITHÜSEN, J. (1970): Probleme der Genese südamerikanischer Biota. Festschr. Gentz, Verl. Hirt, Kiel.

MÜLLER-WILLE, W. (1960): Natur und Kultur in den oberen Emssandebenen. Decheniana 113.

MULSOW, R. (1968): Untersuchungen zur Siedlungsdichte der Hamburger Vogelwelt. Abh. Verh. Naturwiss. Ver. Hamburg N.F. 12: 123—188.

MURDOCH, W. W., und OATEN, A. (1975): Predation and Population Stability. Adv. Ecol. Research 9: 1—132.

NAGEL, P. (1975): Studien zur Ökologie und Chorologie der Coleopteren (Insecta) xerothermer Standorte des Saar-Mosel-Raumes. Dissertation, Saarbrücken.

— (1976): Die Darstellung der Diversität von Biozönosen. Vegetationskunde 10: 381—391, Bonn-Bad Godesberg.

NEEF, E. (1968): Der Physiotop als Zentralbegriff der komplexen physischen Geographie. Pet. Geogr. Mitt. 112: 15—23.

NEUMANN, D. (1974): Zielsetzungen der Physiologischen Ökologie. Verhdl. Ges. Ökologie, Saarbrücken, 1—9. Verl. Junk, Den Hague.

NIETSCH, H. (1938): Wald und Siedlung im vorgeschichtlichen Mitteleuropa. Leipzig.

NISHIUCHI, Y., und HASHIMOTO, Y. (1967): Die Toxizität von Schädlingsbekämpfungsmitteln gegenüber einigen Arten von Süßwasser-Organismen. Bôlhû kagaku 32: 5—11.

NJOGU, A. R., und KINOTI, G. K. (1971): Oberservations on the breeding sites of mosquitoes in Lake Manyara, a saline lake in the East African Rift Valley. Bull. Ent. Ges. 60: 473—479.

NUORTEVA, P. (1966): Local distribution of blowflies in relation to human settlement in an area around the town of Forssa in South Finland. Ann. Entom. Fenn. 32: 128—137.

— (1971): The synanthropy of birds as an expression of the ecological cycle disorder caused by urbanization. Ann. Zool. Fennici 8: 547—553.

NYLANDER, W. (1866): Les lichens du Jardin du Luxembourg. Bull. Soc. bot. Fr. 13: 364—372.

OCHSNER, F. (1927): Ökologische Untersuchungen an Epiphytenstandorten. Ber. Geobot. Inst. Rübel, 69—80, Zürich.

ODUM, E. (1963): Ecology. Holt, Rinehard & Winston, New York.

— (1971): Fundamentals of Ecology. Saunders, Philadelphia.

OECD (1972): Guiding Principles Concerning International Economic Aspects of Environmetal Policies. Doc. C (72), 122, Paris.

OVERBECK, J. (1972): Die Stellung der Bakterien in der Nahrungskette eines Sees. Umschau 11.

— (1974): Über die Kompartimentierung der stehenden Gewässer. Ein Beitrag zur Struktur und Funktion des limnischen Ökosystems. Verhdl. Ges. Ökol. Saarbrücken, 211—223, Verl. Junk, Den Hague.

PATTEN, B. C. (1975): Systems Analysis and Simulation in Ecology. Acad. Press, New York, San Francisco, London.

PEARY, J., und CASTENHOLZ, R. W. (1964): Temperature strains of a thermophilic blue-green alga. Nature 202: 720—721.

PEINEMANN, H., und SCHLICHTING, E. (1974): The importance of erosion materials for the eutrophication of waters. Bull. Rech. Agron. de Gembloux, Semaine d'étude agriculture et environment, 127—133.

PETERS, H. (1949): Fliegen- und Rattenbekämpfung — wichtige Aufgaben der Stadthygiene. G. Ing. 9/10: 160—169.

PFLANZ, M., BASLER, H.-D., COLLATZ, J., und SCHWOON, D. (1976): Einfluß der Härte des Trinkwassers auf den Blutdruck und andere Gesundheitsparameter. Umwelthygiene 2: 53—55.

PHILLIPS, A. D. M., und TURTON, B. J. (1975): Environment, Man and Economic Change. Longman, London, New York.

PIANKA, E. R. (1970): On r- and K-selection. Amer. Natur. 104: 592—597.

— (1974): Evolutionary Ecology. Harper & Row, Publ., New York.

PIELOU, E. C. (1969): An introduction to mathematical ecology. New York, London.

— (1975): Ecological Diversity. Wiley Publ., New York.

PIMIENTA, J. (1958): A feixa costeira meridional de Santa Catarina, Brasil. Bol. Div. Geol. Mineral. Brasil 176: 1—104.

POOLE, R. W. (1974): Quantitative Ecology. McGraw-Hill, New York.

POVOLNY, D. (1959): Gesichtspunkte der Klassifikation von synanthropen Fliegen. Z. Angew. Zool. 46: 324—328.

— (1971): Synanthropy. Flies and Disease. Princeton Univ. Press, Princeton, New Jersey.

PRANCE, GH. T. (1973): Phytogeographic support to the theory of Pleistocene forest refuges in the Amazon Basin, based on evidence from distribution patterns in

Caryocaraceae, Chrysobalamaceae, Dichapetalaceae and Lecythidaceae. Acta Amazonica 3 (3): 5—28.

PRECHT, H., CHRISTOPHERSEN, J., HENSEL, H., und LARCHER, W. (1973): Temperature and Life. Springer Verl., Berlin, Heidelberg, New York.

PRESTON, F. W. (1962): The canonical distribution of commoness and rarity. Ecology 43: 185—215, 410—432.

PRESTT, I., und RATCLIFFE, D. A. (1972): Effects of organochlorine insecticides on European birdlife. Proc. Int. Orn. Congr. 15th, 486—513.

PRINZ, B. (1975): Immissionswirkungskataster in Nordrhein-Westfalen als Planungskriterium. Umwelt-Saar 1974: 52—60.

PRUKSARAJ, D. (1967): Untersuchungen über das Vorkommen von Salmonellen bei Landschildkröten der Arten Testudo graeca und Testudo hermanni. Dissert. Tierärztl. Hochschule, Hannover.

PYATT, F. B. (1970): Lichens as indicators of air pollution in a steel producing town in South Wales. Environ. Pollution 1: 45—56.

RABELER, W. (1967): Zur Charakterisierung der Fichtenwald-Biozönose im Harz auf Grund der Spinnen- und Käferfauna. Schrift. Vegetationskd. 2: 205—236.

RAT DER SACHVERSTÄNDIGEN IN UMWELTFRAGEN (1974): Umweltgutachten 1974. Kohlhammer Verl. Stuttgart und Mainz.

REICHENBACH-KLINKE, H. H. (1974): Der Süßwasserfisch als Nährstoffquelle und Umweltindikator. G. Fischer Verl., Stuttgart.

REICHHOLF, J. (1976): Ökologische Aspekte der Veränderung von Flora und Fauna in der BRD. Vegetationskd. 10: 393—399, Bonn-Bad Godesberg.

REINIG, W. F. (1970): Bastardierungszonen und Mischpopulationen bei Hummeln (Bombus) und Schmarotzerhummeln (Psithyrus). Mitt. Münch. Entomol. Ges. 59: 1—89.

RHODE, G. (1972): Sind bedenkliche Anreicherungen von Schwermetallen in Böden und Pflanzen nach fortgesetztem Einsatz von Müll- und Müllklärschlammkomposten möglich? Wasser u. Abwasser 11: 295—300.

— (1974): Bedenkliche Anreicherung von Schwermetallen nach Anwendung von Müll- oder Müllklärschlammkomposten. Theorie und Praxis. Wasser und Abwasser 1: 28—30.

RICH, S. (1971): Effects of trees and forests in reducing air pollution. In: Trees and forests in an urbanizing environment. Planning and Resource Development Monogr. 17: 29—33, Amherst University of Massachusetts.

RITTER, C. (1822): Die Erdkunde im Verhältnis zur Natur und zur Geschichte des Menschen oder allgemeine vergleichende Geographie. 2. Aufl. Berlin.

ROBINSON, H. (1972): Biogeography. Macdonald & Evans, London.

ROEWER, H. (1969): Schutz vor Fluglärm durch Neuordnung der Flugplatzbereiche. Kampf dem Lärm 5: 137—138.

ROHMEDER, E., und SCHÖNBORN, A. VON (1967): Die Züchtung der Fichte auf erhöhte Abgasresistenz. 14. IUFRO-Kongr., München 5: 556—566.

ROSENBERGER, G. (1963): Immissionswirkungen auf Tiere. Staub 23 (3): 151—155.

ROSENKRANZ, K. (1850): System der Wissenschaft. Ein philosophisches Encheiridion. Königsberg.

ROSMANITH, J., SCHRÖDER, A., EINBRODT, H. J., und EHM, W. (1975): Untersuchungen an Kindern aus einem mit Blei und Zink belasteten Industriegebiet. Umwelthygiene 9: 266—271.

RUBERTI, A., und MOHLER, R. R. (1975): Variable Structure Systems with Application to Economics and Biology. Springer-Verl., Berlin, Heidelberg, New York.

RUNGE, M. (1973): Böden im Bereich der Bebauung. Umweltschutzforum 8, Berlin.

RYDZAK, J. (1953): Dislokation und Ökologie von Flechten der Stadt Lublin. Ann. Univ. M. Curie-Skl. Sect 8: 233—257.

SAARISALO-TAUBERT, A. (1963): Die Flora in ihrer Beziehung zur Siedlung und Siedlungsgeschichte in den südfinnischen Städten Porvoo, Loviisa und Hamina. Ann. Bot. Soc. Vanamo 35 (1): 1—190.

SACHS, H. (1971): Krebs-Epidemiologie in Hamburg. Umschau 71: 131.

SAUBERER, A. (1951): Die Verteilung rindenbewohnender Flechten in Wien, ein bioklimatisches Großstadtproblem. Wetter und Leben 3: 116—121.

SAUER, K. P. (1976): Untersuchungen zur klinalen Variation des Diapauseverhaltens von Panorpa vulgaris unter besonderer Berücksichtigung der Unterschiede zwischen Berg- und Flachlandpopulationen. Verhdl. Ges. Ökologie, Wien, 1975: 77—88, Verl. Junk, Den Hague.

SCALES, J. W. (1974): Air Quality Instrumentation. Selected Papers from international Symposia presented by the Instrument Society of America. Instrum. Soc. Amer., Pittsburgh.

SCHÄFER, A. (1975): Die Bedeutung der Saarbelastung für die Arealdynamik und Struktur von Molluskenpopulationen. Dissertation, Saarbrücken.

SCHÄFER, A., und MÜLLER, P. (1976): Auswirkungen der Saarbelastung auf die Speziesdiversität von Benthosbiozönosen und die Verweildauer exponierter Organismen. Verhdl. Ges. Ökol. Wien, 1975: 277—290. Verl. Junk, Den Hague.

SCHINZEL, A. (1960): Flechten und Moose als biologische Indikatoren der Luftverunreinigung. Städtehygiene 11: 64—66.

SCHLIPKÖTER, H.-W., und ANTWEILER, H. (1974): Pathogenität von Luftverunreinigungen. Internist 15: 405—411, Springer.

SCHLÜTER, O. (1953): Die Siedlungsräume Mitteleuropas in frühgeschichtlicher Zeit. Forsch. dtsch. Landeskd. 74: 1—240.

SCHMID, J. A. (1975): Urban vegetation. A review and Chicago case study. Univ. Chicago 161.

SCHMIDT, G. (1969): Vegetationsgeographie auf ökologisch-soziologischer Grundlage. Teubner Verl., Leipzig.

SCHMIDT, G. H. (1974): Sozialpolymorphismus bei Insekten. Wissenschaftl. Verlagsgesellsch. Stuttgart.

SCHMIDT, H. CH. (1975): Über das Vorkommen des menschlichen Typhuserregers Salmonella typi bei Tieren. Umwelthygiene 10: 325—333.

SCHMINCKE, K. H. (1974): Mesozoic Intercontinental Relationships as evidenced Bathynellia Crustacea (Syncarida: Malacostraca). Syst. Zool. 23: 157—164.

SCHMITHÜSEN, J. (1964): Was ist eine Landschaft? Erdkdl. Wissen 9: 7—24. Verl. Steiner, Wiesbaden.

SCHMITHÜSEN, J. (1967): Der geistige Gehalt in der Kulturlandschaft. Wissenschaftl. Buchgesellsch., Darmstadt.

— (1968): Begriff und Inhaltsbestimmung der Landschaft als Forschungsobjekt vom geographischen und biologischen Standpunkt. Arch. Naturschutz u. Landschaftsforsch. 8 (2): 101—112.

— (1973): Die Entwicklung der Landschaftsidee in der europäischen Malerei als Vorgeschichte des wissenschaftlichen Landschaftsbegriffs. G. Z. 33: 70—80.

— (1974): Was verstehen wir unter Landschaftsökologie? 39. Dtsch. Geographentag, Kassel.

— (1975): Die Wahrnehmung der Synergose (Grundeinheit der Landschaft). Geogr. Taschenbuch. Verlag Steiner, Wiesbaden.

SCHNEIDER, W., MATTER, L., und JERRMANN, E. (1975): Benzpyrengehalte der Luft eines Ballungsgebietes. Umwelthygiene 9: 273—276.

SCHOLZ, H. (1960): Die Veränderungen in der Ruderalflora Berlins. Ein Beitrag zur jüngsten Florengeschichte. Willdenowia 2 (3): 379—397.

SCHÖNBECK, H. (1968): Einfluß von Luftverunreinigungen (SO_2) auf transplantierte Flechten. Naturwiss. 55: 451—452.

— (1969): Eine Methode zur Erfassung der biologischen Wirkung von Luftverunreinigungen durch transplantierte Flechten. Staub 29: 14—18.

— (1972): Untersuchungen in Nordrhein-Westfalen über Flechten als Indikatoren für Luftverunreinigungen. Schriftenr. Landesanstalt Immissions- u. Bodennutzungsschutz des Landes NRW in Essen 26: 99—104.

— (1974): Nachweis schwermetallhaltiger Immissionen durch ausgewählte pflanzliche Indikatoren. VDI-Berichte 203: 75—85.

SCHÖNBECK, H., und VAN HAUT, H. (1974): Methoden zur Erstellung eines Wirkungskatasters für Luftverunreinigungen durch pflanzliche Indikatoren. Verhdl. Ges. f. Ökologie, Saarbrücken, 435—445, Verl. Junk, Den Hague.

SCHÖNEBECK, C. (1975): Der Beitrag komplexer Stadtsimulationsmodelle (vom Forrester-Typ) zur Analyse und Prognose großstädtischer Systeme. Birkhäuser-Verl. Basel und Stuttgart.

SCHOTT, C. (1939): Die vorgeschichtliche Kulturlandschaft. Z. Erdkd. 7.

SCHRÖTER, C., und KIRCHNER, O. (1896—1902): Die Vegetation des Bodensees. Lindau.

SCHULTZE, J. H. (1970): Die Bewertung von Putativ-Räumen. In: Festschr. Gentz, 49—59, Verl. Hirt, Kiel.

SCHÜRMANN, H. J. (1973): Ökonomische Ansätze zu einer rationalen Umweltpolitik und wirtschaftspolitischen Konsequenzen mit besonderer Berücksichtigung der Energiewirtschaft. Diss. Köln.

SCHWABE, G. H. (1973): Umwelt heute. Beiträge zur Diagnose. Verl. E. Rentsch, Erlenbach-Zürich und Stuttgart.

SCHWEIGER, H. (1962): Die Insektenfauna des Wiener Stadtgebietes als Beispiel einer kontinentalen Großstadtfauna. XI. Int. Kongr. Entomol. 3: 184 bis 193.

SCHWICKERATH, M. (1944): Das Hohe Venn und seine Randgebiete. Pflanzensoziologie 6.

— (1954): Die Landschaft und ihre Wandlung auf geobotanischer und geographischer

Grundlage entwickelt und erläutert im Bereich des Meßtischblattes Stolberg. Aachen.

SCHWARZBACH, M. (1974): Das Klima der Vorzeit. Enke Verl., Stuttgart.

SCHWOERBEL, J. (1966): Methoden der Hydrobiologie. Stuttgart.

— (1971): Einführung in die Limnologie. G. Fischer Verlag, Stuttgart.

— (1974): Belastung, Stoff- und Energiefluß in Fließgewässern. Verhdl. Ges. f. Ökologie, Saarbrücken, 107—115, Verl. W. Junk, Den Hague.

SEGERSTRALE, S. G. (1954): The freshwater amphipods Gammarus pulex (L.) and Gammarus lacustris (G. O. SARS) in Danmark and Fennoskandia, a contribution to the late- and postglacial immigration history of the aquatic fauna of Northern Europe. Soc. Sci. Fenn. Comment. Biol. 15.

— (1957): On the immigration of the glacial relicts of Northern Europe, with remarks on their prehistory. Soc. Sci. Fenn. Comment. Biol. 16.

SERNANDER, R. (1926): Studier öfer lafvarnes biologi. Svensk. Bot. Tidskr. Stockholm 1926.

SHANNON, C. E. (1948): A mathematical theory of communication. Bell. Syst. Techn. J. 27: 379—423, 623—656.

SHANNON, C. E., und WEAVER, W. (1949): The mathematical theory of communication. Urbana.

SIMMONS, J. G. (1974): The ecology of natural resources. Verl. Arnold, London.

SIOLI, H. (1968): Zur Ökologie des Amazonas-Gebietes. In: Biogeography and Ecology in South America, Verl. W. Junk 1: 137—170.

SMITH, R. L. (1972): The ecology of man: an ecosystem approach. Harper & Row, New York.

SOČAVA, V. B. (1972): Geographie und Ökologie. P. M. 2: 89—98.

SORAUER, P. (1911): Die makroskopische Analyse rauchgeschädigter Pflanzen. Samml. Abhdl. Abgase und Rauchschäden 7.

SOUTHWICK, CH. H. (1972): Ecology and the Quality of our environment. Van Nostrand Reinhold Comp. New York, Cincinnati. Toronto, London, Melbourne.

SPASSKY, B., et al. (1971): Geography of the Sibling Species related to Drosophila willistoni, and of the Semispecies of the Drosophila paulistorum complex. Evolution 25 (1): 129—140.

SPERLICH, D. (1973): Populationsgenetik. Verl. G. Fischer, Stuttgart.

SPIEGELMAN, J. R., et al. (1968): Effects of acute sulfur dioxide exposure on Bronchial Clearance in the Donkey. Arch. Environm. Health 17: 321—326.

STEARNS, F. W. (1967): Wildlife habitat in urban and suburban environments. Conference on North American Wildlife and Natural Resources, Transactions 32: 61—69.

— (1971): Urban botany: an essay on survival. University of Wisconsin at Milwaukee, Field Stations Bulletin 4 (1): 1—6.

STEINER, M., und SCHULZE-HORN, D. (1955): Über die Verbreitung und Expositionsabhängigkeit der Rindenepiphyten im Stadtgebiet von Bonn. Decheniana 108: 1—16.

STERN, K., und TIGERSTEDT, P. M. A. (1974): Ökologische Genetik. Verl. G. Fischer, Stuttgart.

STEUBING, L. (1970): Untersuchungen zu Immissionskomplexwirkungen im Untermaingebiet im Pflanzentest. Regionale Planungsgem. Untermain/Frankf. 1970: 34—37.

STEUBING, L. (1973): Ökologie als wissenschaftliche Grundlage des Umweltschutzes. Probleme der Umweltforschung. Coll. Verl., Berlin.

STEUDEL, A. (1882): Der gefrorene Bodensee des Jahres 1880. Schrift. Verein Gesch. Bodensee und seiner Umgebung 11 und 22.

STEVENS, R. K., und HERGET, W. F. (1974): Analytical Methods applied to air pollution Measurements. Ann Arbor science Publ. Inc. Ann Arbor.

STIX, E. (1975): Pollen- und Sporengehalt der Luft im Herbst über dem Atlantik. Oecologia 18: 235—242.

STÖFEN, D. (1975): Bleiprobleme auf dem internationalen Symposium „Umwelt und Gesundheit" Paris 1974. Forum Umwelt Hygiene 8: 233—235.

STUGREN, B. (1974): Grundlagen der allgemeinen Ökologie. 2. Aufl., Fischer, Jena.

SUDIA, TH. W. (1972): Man, nature, city: the urban ecosystem. United States Department of the Interior, National Park Service, Urban Ecology 1.

SUESS, E. (1909): Das Antlitz der Erde. Wien und Leipzig.

SUKOPP, H. (1972): Wandel von Flora und Vegetation in Mitteleuropa unter dem Einfluß des Menschen. Ber. Ldw. 50: 112—139, Parey Verl., Hamburg und Berlin.

— (1973): Die Großstadt als Gegenstand ökologischer Forschung. Schr. Ver. zur Verbreit. naturwiss. Kenntnisse, Wien.

— (1976): Dynamik und Konstanz in der Flora der Bundesrepublik Deutschland. Schriftenr. Vegetationskunde 10: 9—26. Bonn-Bad Godesberg.

SUKOPP, H., KUNICK, W., RUNGE, M., und ZACHARIAS, F. (1974): Ökologische Charakteristik von Großstädten, dargestellt am Beispiel Berlins. Verhdl. Ges. für Ökologie, Saarbrücken, 383—403, Verl. Junk, Den Hague.

SUTTON, D. B., und HARMON, N. P. (1973): Ecology: Selected Concepts. John Wiley & Sons., Inc. New York, London, Sydney, Toronto.

SWINK, F. A. (1974): Plants of the Chicago region. Lisle, Illinois.

SWORZOWA, D. N., et al. (1970): Zur Frage der kombinierten Einwirkung von Schwefeldioxid und Benzpyren auf den Organismus von Versuchstieren. Wiss. Z. Humb.-Univ. Berl. 14 (5): 457—459.

TAMMS, F., und WORTMANN, W. (1973): Städtebau. Habel Verl., Darmstadt.

TANSLEY (1935): The use and abuse of vegetation concepts and terms. Ecology 16.

TENOVUO, R. (1967): Zur Urbanisierung der Vögel in Finnland. Acta Zool. Fennici 4: 33—34.

THIELE, H. U. (1974): Physiologisch-ökologische Studien an Laufkäfern zur Kausalanalyse ihrer Habitatbindung. Verhdl. Ges. f. Ökologie, Saarbrücken, 39—54, Verl. Junk, Den Hague.

THIELE, H. U., und BECKER, J. (1975): Der Bausenberg. Naturgeschichte eines Eifelvulkans. Beitr. Landespfl. Rheinland-Pfalz, Beih. 4: 1—394, Oppenheim.

THIENEMANN, A. (1928): Die Reliktenkrebse Mysis relicta, Pontoporeia affinis, Pallasea quadrispinosa und die von ihnen bewohnten norddeutschen Seen. Arch. f. Hydrobiol. 19: 521—582.

— (1950): Verbreitungsgeschichte der Süßwassertierwelt Europas, Binnengewässer 18. Stuttgart.

THOMAS, E. A., und RAI, H. (1970): Betriebserfahrungen mit Phosphatelimination bei 10 kommunalen Kläranlagen im Kanton Zürich, 1969. Gas-Wasser-Abwasser 50: 179—190.

THOMASSEN, H. G. (1973): Ergebnisse von Verkehrslärmuntersuchungen. Kampf dem Lärm 6: 154—159.

THOMÉ, M. (1976): Ökologische Kriterien zur Abgrenzung von Schadräumen in einem urbanen System. — Dargestellt am Beispiel der Stadt Saarbrücken, Dissertation, Saarbrücken.

TISCHLER, W. (1952): Biozönotische Untersuchungen an Ruderalstellen. Zool. Jahr. (Syst.) 81: 122—174.

TIVY, J. (1971): Biogeography. A study of Plants in the Ecosphere. Oliver and Boyd, Edinburgh.

TOBIAS, W. (1972): Ist der Schlammröhrenwurm Branchiura sowerbyi BEDDARD 1892 (Oligochaeta: Tubificidae) ein tropischer Einwanderer im Untermain? Nat. u. Mus. 102 (3): 93—107.

TOPP, W. (1971): Zur Ökologie der Müllhalden. Ann. Zool. Fennici 8: 194 bis 222.

TRICART, J., SANTOS, M., CARDOSO DA SILVA, T., und DIAS DA SILVA, A. (1958): Estudos de Geografia da Bahia. Geografia e Planeamento. Publ. Univ. Bahia 4 (3): 1—243.

TRICART, J., VOGT, H., und GOMES, A. (1960): Note préliminaire sur la morphologie du cordon littoral actuel entre Tramandai et Torres, Rio Grande do Sul, Brésil. Cah. océanogr. Et. Côtes Paris 12: 453—457.

TROLL, C. (1939): Luftbildplan und ökologische Bodenforschung. Zeitschr. Ges. f. Erdk. 1939: 241—298.

— (1968): Landschaftsökologie. Verl. Junk, Den Hague.

TÜRK, R., und WIRTH, V. (1975): Der Einfluß des Wasserzustandes und des pH-Wertes auf die SO_2-Schädigung von Flechten. Verhdl. Ges. Ökologie, Erlangen, 167—172, Verl. Junk, Den Hague.

TURNER, J. R. G. (1971): Two thousand generations of hybridisation in a Heliconius butterfly. Evolution 25: 471—482.

— (1972): The genetics of some polymorphic forms of the butterflies Heliconius melpomene *(Linnaeus)* and H. erato *(Linnaeus)*. II. The hybridization of subspecies of H. melpomene from Surinam and Trinidad. Zoologica, 56: 125—157, New York.

TÜXEN, R. (1931): Die Grundlagen der Urlandschaftsforschung. Nachr. Nieders. Urgesch. 5.

— (1950): Grundriß einer Systematik der nitrophilen Unkrautgesellschaften in der Eurosibirischen Region Europas. Mitt. Flor.-soz. Arbeitsgem. 2, Stolzenau.

— (1956): Die heutige potentielle Vegetation als Gegenstand der Vegetationskartierung. Pflanzensoz. 13.

— (1970): Pflanzensoziologie als synthetische Wissenschaft. Misc. Pap. 5: 141—159.

TUXEN, S. L. (1944): The Hot Springs of Iceland. Munksgaard, Copenhagen.

ULE, C. H. (1973): Unbestimmte Begriffe und Ermessen im Umweltschutzrecht. Deutsches Verwaltungsblatt.

VAN DER HAMMEN, TH. (1974): The Pleistocene changes of vegetation and climate in tropical South America. J. Biogeography 1: 3—26.

VANZOLINI, P. E. (1963): Problemas faunisticos do Cerrado. Simposio sôbre Cerrado. Univ. São Paulo.

— (1970): Zoologia systematica geografia e a origem das especies. Univ. São Paulo 3: 1—56.

VANZOLINI, P. E., und AB'SABER, A. N. (1968): Divergence rate in South American Lizards of the Genus Liolaemus (Sauria, Iguanidae). Pap. Avuls. Zool. 21: 205—208.

VANZOLINI, P. E., und WILLIAMS, E. E. (1970): South American Anoles: The geographic differentiation and evolution of the Anolis chrysolepis species group (Sauria, Iguanidae). Arq. Zool. 19: 1—298.

VARESCHI, V. (1935): La influencia de los bosques y parques sobre el aire de la ciudad de Caracas. Acta Cientifica Venezolana 4: 89—95.

VARGA, L. (1928): Ein interessanter Biotop der Biocönose von Wasserorganismen. Biol. Zentralbl. 48: 143—162.

VETTER, H. (1974): Belastungen und Schäden durch Schwermetalle in der Nähe einer Blei- und Zinkhütte in Niedersachsen. Staub-Reinhalt. Luft 34 (1): 10—14.

VILLWOCK, J. (1962): Der Stadteinfluß Hamburgs auf die Verbreitung epiphytischer Flechten. Abhdl. u. Verhdl. Naturwiss. Ver. Hamburg 6: 147—166.

VORONKOV, M. G., ZELCHAN, G. J., und LUKEVITZ, E. (1975): Silizium und Leben. Biochemie, Toxikologie und Pharmakologie der Verbindungen des Siliziums. Akademie Verl. Berlin.

VUILLEUMIER, F. (1975): Zoogeography. In: Avian biology 5: 421—496. Acad. Press, New York, San Francisco, London.

WADA, O., TOYOKAWA, K., URATA, G., YANO, Y., und NAKAO, K. (1969): A simple method for the quantitative analysis of urinary delta-aminolevulinic acid to evaluate lead absorption. Brit. J. industr. Med. 26: 240—243.

WAGNER, G. (1964): Untersuchungen am zugefrorenen Bodensee. Schweizerische Zeitschr. für Hydrologie 26: 52—68.

— (1967): Beiträge zum Sauerstoff-, Stickstoff- und Phosphathaushalt des Boden-Sees. Arch. für Hydrobiol. 63.

WALLNER, E. M. (1972): Soziologie. Quelle & Meyer, Heidelberg.

WEBER, A., und PIETZSCH, O. (1974): Ein Beitrag zum Vorkommen von Salmonellen bei Landschildkröten aus Zoohandlungen und Privathaushalten. Ber. Münch. Tierärztl. Wochenschr. 87: 257—260.

WEDECK, H. (1967): Zur Frage der Abgrenzung von Physiotopen durch Vegetationskomplexe. Schriftenr. für Vegetationskd. 2: 181—191, Bad Godesberg.

WEEDON, F. R., et al. (1938): Effects on animals of prolonged exposure to sulphur dioxide. Contrib. Boyce Thompson Inst. 10.

WEIDNER, H. (1952): Die Insekten der Kulturwüste. Mitt. Hamb. Zool. Mus. u. Inst. 51: 90—166.

— (1958): Die Entstehung der Hausinsekten. Z. ang. Entom. 42 (4): 429—447.

— (1963): Schädlinge an Arzneidrogen und Gewürzen in Hamburg. Beitr. zur Entomologie 13 (3/4): 527—545.

WEISCHET, W. (1974): Notwendigkeit und Möglichkeit einer raum- und klimagerechteren Anwendung der „Technischen Anleitung der Luft" (TA-Luft). Verhdl. Ges. Ökologie, Saarbrücken, 329—349, Verl. W. Junk, Den Hague.

WENDLAND, V. (1971): Die Wirbeltiere Westberlins. Berlin.

WHITTAKER, R. H. (1975): Communities and Ecosystems. Mac Millan Publ., New York.

WHITTICK, A. (1974): Encyclopedia of Urban Planning. McGraw-Hill Book Comp. New York.

WHITTON, B. A. (1975): River Ecology. Blackwell Scient. Publ., Oxford, London, Edinburgh, Melbourne.

WHO (1972): Health hazards of the human environment. Genf, pp. 387.

WICHARD, W. (1974): Zum Indikatorwert der Chloridzellen aquatischer Insekten für die Salinität von Binnengewässern. Verhdl. Ges. Ökologie 3: 201—203, Verl. Junk, Den Hague.

WICHARD, W., und SCHMITZ, M. (1975): Der histochemische Nachweis von Schwermetallen in den Chloridzellen aquatischer Insekten als Indikator für die Gewässerbelastung. Verhdl. Ges. Ökol. Erlangen, 155—159, Verl. Junk, Den Hague.

WIENER, N. (1948): Cybernetics. New York.

WILSON, E. O., und BOSSERT, W. H. (1973): Einführung in die Populationsbiologie. Springer Verl., Berlin, Heidelberg, New York.

WINGE, H. (1973): Races of Drosophila willistoni sibling species: Probable origin in quaternary forest refuges of South America. Genetics 74: 297—298.

WIRTH, V., und TÜRK, R. (1975): Über die SO_2-Resistenz von Flechten und die mit ihr interferierenden Faktoren. Verhdl. Ges. Ökologie, Erlangen, 173—179, Verl. Junk, Den Hague.

WOLTERECK, R. (1928): Über die Spezifität des Lebensraumes, der Nahrung und der Körperformen bei pelagischen Cladoceren und über „Ökologische Gestalt-Systeme". Biol. Zentralbl. 48: 521—551.

ZABELIN, J. M. (1959): Theorie der physischen Geographie. Moskau.

ZIEGLER, H. (1969): Physiologische Anpassungen der Pflanzen an extreme Umweltbedingungen. Naturwiss. Rdsch. 22 (6): 241—247.

— (1974): Zur Physiologie austrocknungsfähiger Kormophyten. Verhdl. Gesellsch. Ökol. Saarbrücken 1973: 65—73, Verl. Junk, Den Hague.

7. REGISTER

7.1. Sachregister

7.2. Wissenschaftliche Tier- und Pflanzennamen

EINFÜHRUNG IN DIE DIDAKTIK DER GEOGRAPHIE

Von Ludwig Bauer

1976. X, 221 S., kart., **Nr. 6881-5**

Zu einem Zeitpunkt, in dem die didaktische Diskussion durch die Entwicklung neuer Curricula in Geographie in Fluß geraten ist und die Lehrerausbildung für alle Schulstufen neu geordnet werden soll, wird eine kritische Bestandsaufnahme dessen versucht, *was* im Geographieunterricht in den verschiedenen Jahrgangsstufen zu lehren ist, *warum* es gelernt werden soll und *wie* es am besten in den Horizont der Lernenden zu bringen ist. In diese Bestandsaufnahme werden auch wissenschaftstheoretische Überlegungen über die Zielsetzung geographischen Unterrichts und geographischer Forschung einbezogen.

Weil der Bereich der Sekundarstufe II, das heißt die gymnasiale Oberstufe, von der bisherigen Fachdidaktik etwas stiefmütterlich behandelt worden ist, wird auf diese Lernepoche ein besonderes Gewicht gelegt, deren Lerninhalte und Arbeitsmethoden in einer engen Korrelation zu den Forschungs- und Lehrzielen der geographischen Fachwissenschaft gesehen werden.

PROBLEME DER SCHICHTSTUFENLANDSCHAFTEN

Von Helmut Blume

1971. 117 S., 10 Kartenskizzen, 1 Klappkt., kart. **Nr. 5817-8**

Das Schrifttum über Schichtstufen ist außerordentlich angewachsen, sehr verstreut und nur noch schwer zu überschauen. Abgesehen von den sehr kurzen Darstellungen der Problematik des Schichtstufenreliefs in den Lehrbüchern der Allgemeinen Geomorphologie gibt es keine ausführliche jüngere Spezialdarstellung. Die vorliegende Schrift will dazu beitragen, diese Lücke zu füllen. Sie setzt sich zum Ziel, die Probleme der Schichtstufenlandschaft aufzuzeigen, den gegenwärtigen Stand der Forschung darzustellen und auf die noch offenen Fragen und insbesondere auch auf die noch bestehenden Lücken der Forschung hinzuweisen. An einem Beispiel, an demjenigen der südwestdeutschen Schichtstufenlandschaft, sollen schließlich die Versuche zur Erklärung der Morphogenese des Schichtstufenreliefs im Lichte der verschiedenen Theorien verdeutlicht werden.

WISSENSCHAFTLICHE BUCHGESELLSCHAFT

Postfach 11 11 29 **6100 Darmstadt 11**